Ali Chaari

Produits Naturels VERSUS Amyloides et Amyloses

Ali Chaari

Produits Naturels VERSUS Amyloides et Amyloses

Produits naturels et maladies Dégénératives

Presses Académiques Francophones

Impressum / Mentions légales
Bibliografische Information der Deutschen Nationalbibliothek: Die Deutsche Nationalbibliothek verzeichnet diese Publikation in der Deutschen Nationalbibliografie; detaillierte bibliografische Daten sind im Internet über http://dnb.d-nb.de abrufbar.
Alle in diesem Buch genannten Marken und Produktnamen unterliegen warenzeichen-, marken- oder patentrechtlichem Schutz bzw. sind Warenzeichen oder eingetragene Warenzeichen der jeweiligen Inhaber. Die Wiedergabe von Marken, Produktnamen, Gebrauchsnamen, Handelsnamen, Warenbezeichnungen u.s.w. in diesem Werk berechtigt auch ohne besondere Kennzeichnung nicht zu der Annahme, dass solche Namen im Sinne der Warenzeichen- und Markenschutzgesetzgebung als frei zu betrachten wären und daher von jedermann benutzt werden dürften.

Information bibliographique publiée par la Deutsche Nationalbibliothek: La Deutsche Nationalbibliothek inscrit cette publication à la Deutsche Nationalbibliografie; des données bibliographiques détaillées sont disponibles sur internet à l'adresse http://dnb.d-nb.de.
Toutes marques et noms de produits mentionnés dans ce livre demeurent sous la protection des marques, des marques déposées et des brevets, et sont des marques ou des marques déposées de leurs détenteurs respectifs. L'utilisation des marques, noms de produits, noms communs, noms commerciaux, descriptions de produits, etc, même sans qu'ils soient mentionnés de façon particulière dans ce livre ne signifie en aucune façon que ces noms peuvent être utilisés sans restriction à l'égard de la législation pour la protection des marques et des marques déposées et pourraient donc être utilisés par quiconque.

Coverbild / Photo de couverture: www.ingimage.com

Verlag / Editeur:
Presses Académiques Francophones
ist ein Imprint der / est une marque déposée de
OmniScriptum GmbH & Co. KG
Heinrich-Böcking-Str. 6-8, 66121 Saarbrücken, Deutschland / Allemagne
Email: info@presses-academiques.com

Herstellung: siehe letzte Seite /
Impression: voir la dernière page
ISBN: 978-3-8416-2855-8

Copyright / Droit d'auteur © 2014 OmniScriptum GmbH & Co. KG
Alle Rechte vorbehalten. / Tous droits réservés. Saarbrücken 2014

Produits Naturels VERSUS Amyloides et Amyloses

Dr. Ali CHAARI

Sommaire

LISTE DES ABREVIATIONS   4

INTRODUCTION   5

-I- AMYLOSE   6

   I.1. Description et caractérisation de l'amylose.   6

   I.2. Amyloses cérébrales ou neurodégénératives.   7

      I.2.1. Maladie d'Alzheimer.   7

      I.2.2. Maladie de Creutzfeld-Jakob, l'encéphalopathie spongiforme bovine.   14

      I.2.3. La chorée de Huntigton.   15

      I.2.4. Maladie de Parkinson.   16

   I.3. Amyloses systémiques.   22

      I.3.1. L'amylose immunoglobuline (amylose primitive)   22

      I.3.2. L'amylose réactionnelle (ou amylose secondaire)   23

      I.3.3. Amylose systémique héréditaire.   24

   I.4. Amyloses endocrines ou localisées.   25

-II- ROLES FONCTIONELLES DES AMYLOIDES   26

   II.1. Les amyloïdes chez les bactéries   26

   II.2. Les amyloïdes chez les levures   30

   II.3. Les amyloïdes chez les mammifères   33

-III- LES AMYLOÏDES   37

   III.1. Caractéristiques des protéines amyloïdogéniques   37

   III.2. Base moléculaire de la formation des fibrilles amyloïdes   39

   III.3. Mécanismes de formation des fibrilles amyloïdes   41

   III.4. Facteurs impliqués dans la formation des fibres amyloïdes   44

PROJET DE RECHERCHE   47

MATERIELS ET METHODES   48

-I- PRODUITS CHIMIQUES ET PROTEINES.   49

-II- FORMATION DES FIBRILLES DE LYSOZYME.	49
-III- FLUORESCENCE DE LA THIOFLAVINE T (THT).	49
III.1. Préparation des solutions de la ThT.	49
III.2. Mesure de la fluorescence de la ThT.	49
III.3. Analyse de la variation de la fluorescence de la ThT	50
-IV- FLUORESCENCE DES RESIDUS AROMATIQUES.	51
-V- QUENCHING DE LA FLUORESCENCE DES RESIDUS TRYPTOPHANE PAR L'ACRYLAMIDE.	51
-VI- DIFFUSION DYNAMIQUE DE LA LUMIERE.	51
VI.1. Principe.	51
VI.2. Conditions de mesure.	53
-VII- MICROSCOPIE A FORCE ATOMIQUE.	53
VII.1. Principe.	53
VII.2. Conditions expérimentales.	54
VII.3 Analyse des images AFM.	55
-VIII- SPECTROSCOPIE INFRA-ROUGE A TRANSFORMEE DE FOURIER.	55
VIII.1. Principe.	55
VIII.2. Conditions expérimentales.	56
VIII.3. Analyse des spectres.	56
RESULTATS	***58***
-I- LYSOZYME COMME MODELE DE PROTEINES AMYLOÏDES.	59
I.1 Fonction du lysozyme.	59
I.2. Structure et caractéristiques.	59
I.3. Pathologies associées aux lysozymes.	61
-II- CINETIQUE D'AGREGATION DU LYSOZYME.	63
II.1. Etude du processus d'agrégation par fluorescence de la ThT.	63
II.2. Caractérisation de la taille des agrégats par DLS	65
II.3. Caractérisation de la morphologie des agrégats par AFM.	67
II.4. Etude du processus d'agrégation par la fluorescence intrinsèque.	69
II.5. Quenching de la fluorescence des tryptophanes par l'acrylamide.	71
II.6. Analyse de la structure secondaire des agrégats par Infra-rouge.	73

-III- INHIBITION DE LA CINETIQUE D'AGREGATION DU LYSOZYME. 79

III.1. Etude par fluorescence de la ThT — 80
III.2. Etude de la taille des agrégats par DLS — 82
III.3. Etude de la morphologie des agrégats par AFM — 84
III.4. Etude par fluorescence intrinsèque — 86

-IV- EFFICACITE DES INHIBITEURS DE L'AGREGATION DU LYSOZYME. 90

IV.1. Etude par fluorescence de ThT — 90
IV.2. Etude de la taille des agrégats par DLS — 96
IV.3. Etude de la morphologie des agrégats par AFM — 103
IV.4. Analyse de la structure secondaire des agrégats par Infra-rouge. — 108

DISCUSSION ET PERSPECTIVES 119

REFERENCES BIBLIOGRAPHIQUES 133

Liste des abréviations

Aβ: β amyloïde
ACE: Angiotension-Converting-Enzyme
AFM: Atomic Force Microscopy
APP: Amyloid Precursor Protein
AS: α synucleine
BSE: Bovin Spongiforme Encephalopathie
CD: Circular Dichroïsme
Chp: Chaplin
CR: Congo Red
DA: Dopamine
DAT: Dopamine Transporter
DHQ: Indolequinone
DLS: Dynamic Light Scatering
EM: Electronic Microscopy
FTIR: Fourier Transformed Infra Red Spectroscopy
HEWL: Hen Egg White Lysozyme
HHt: Huntingtine
IA: Islet Amyloidosis
IAAP: Islet Amyloid Polypeptide
IgG: Immunoglobines G
Mcc: Microcin
RH: Hydrodynamic Radius
Rpm: rotation par minute
PrP: Protein Prion
SAA: Serum Amyloid A
TH: Tyrosine Hydrolase
ThT: Thioflavine T
UCH-L1: Ubiquitin Carboxyterminal Hydrolase L1
TTR: Transthyrétine

Introduction

Matériels et Méthodes

Résultats

Discussion et perspectives

Références bibliographiques

-I- AMYLOSE.

I.1. Description et caractérisation de l'amylose.

La définition de l'amylose remonte au $17^{\text{ème}}$ siècle où les premières descriptions macroscopiques, suite à l'autopsie, mentionnent l'infiltration des organes par une substance «cireuse» (Cohen, 2000). Ce n'est qu'au $19^{\text{ème}}$ siècle que le terme «amylose» fut introduit par Rudolf Virchow pour désigner des corps ronds (présents dans le cerveau) en raison de leur ressemblance à des granules d'amidon et de leur réaction particulière à la coloration à l'iode (Virchow, 1854; 1855). Cette dénomination fut ensuite étendue à d'autres structures humaines présentant les mêmes caractéristiques. Il a été démontré rapidement que les dépôts amyloïdes sont constitués principalement de protéines (Cohen, 2000) et ce n'est qu'en 1969 que Glenner et ses collègues (Glenner et al., 1969) identifièrent pour la première fois une protéine formant de dépôts amyloïdes. Aujourd'hui, l'amylose, aussi appelée par anglicisme amyloïdose ou maladies amyloïdes (Grateau et al., 2005), est un groupe de maladies tissulaires désignant la lésion histologique ou le dépôt de protéines insolubles dans un certain nombre de tissus. Ces protéines forment des agrégats moléculaires appelés «substance amyloïde».

D'un point de vue biochimique, les amyloses sont associées à la conversion de l'état fonctionnel d'une protéine ou d'un peptide en un état d'agrégation hautement organisé en fibres. Ces structures fibrillaires sont décrites comme dépôts ou plaques amyloïdes quand elles sont localisées dans le milieu extracellulaire ou comme inclusions intracellulaires quand elles se retrouvent dans le milieu intracellulaire. Les pathologies associées à la formation de plaques amyloïdes ou d'inclusions intracellulaires peuvent être regroupées en plusieurs catégories selon le tissu dans lequel le dépôt est localisé (Tableau 1).

On parle de maladies neurodégéneratives ou amyloses cérébrales quand l'agrégation a lieu dans le cerveau, d'amyloses non neuropathiques localisées (amyloses endocrines) quand

Tableau 1 : Exemples de pathologies humaines associées aux dépôts amyloïdes

Pathologies	Peptides ou protéines	Nombres de résidus	Structures Secondaires
Maladies neurodégénératives			
Alzheimer	Peptides β amyloïdes, Aβ	40 - 42	Non structurée
Encéphalopathie spongiforme	Protéine Prion, PrP	253	Partiellement structurée en hélice α
Maladie de Parkinson	α-synucléine	140	Non structurée
Démence à corps de Lewy			
Maladie de Huntington	Huntingtin polyglutamique	3144	Non structurée
Amyloses non neuropathiques systémiques			
Amylose AL	Chaîne légère de l'immunoglobuline Ig	~ 90	Feuillet β
Amylose AA	Protéine sérum amyloïde A	76-104	Hélice α
Amylose systémique sénile	Transthyrétine, TTR	127	Feuillet β
Amylose de l'hémodialyse	β2-microglobuline	99	Feuillet β
Amylose du Lysozyme	Mutant du Lysozyme	130	Hélice α et feuillet β
Amyloses non neuropathiques localisées			
Diabète de type II	Amyline (polypeptide amyloïde islet) IAPP	37	Non structuré
Amylose au point d'injection	Insuline	21-30	Hélice α

elles se produisent dans un seul tissu autre que le cerveau et d'amyloses non neuropathiques systémiques quand elles ont lieu dans de multiples tissus. Parmi ces pathologies, certaines sont sporadiques alors que d'autres sont héréditaires ou transmissibles (Chiti et al., 2006).

I.2. Amyloses cérébrales ou neurodégénératives.

Les amyloses cérébrales regroupent les maladies neurodégénératives telles que la maladie d'Alzheimer, la maladie de Creutzfeld-Jakob, l'encéphalopathie spongiforme bovine, la chorée de Huntington ou la maladie de Parkinson.

I.2.1. Maladie d'Alzheimer.

Au cours de ces dernières décennies, la maladie d'Alzheimer est devenue un des problèmes majeurs de santé publique du fait de l'augmentation de la prévalence des formes séniles en rapport avec le vieillissement de la population dû à l'élévation de l'espérance de vie. Cette maladie a été caractérisée pour la première fois par Aloïs Alzheimer, un médecin neuropsychiatre allemand du début du $20^{\text{ème}}$ siècle (Alzheimer, 1907). En pratiquant une autopsie du cerveau d'une de ses patientes qui souffrait d'une dégradation progressive des facultés cognitives, d'hallucinations, de confusion mentale et d'une inaptitude psychosociale, Aloïs Alzheimer a constaté la présence de types inédits de lésions cérébrales suivantes : des plaques, des enchevêtrements neurofibrillaires et des lésions d'athérosclérose. Jusqu'en 1960, la maladie d'Alzheimer était considérée comme une maladie rare. Cependant, avec l'avènement de nouvelles technologies, on s'est perçu par la suite que cette maladie était très répandue et que de nombreux signes, attribués à la sénescence, sont en fait dus à cette maladie. La maladie d'Alzheimer se manifeste chez les patients par la perte de mémoire, un esprit de plus en plus confus, des difficultés de jugement, des modifications de la personnalité, une désorientation et une perte des capacités du langage.

Dans le monde, le nombre de cas de malades d'Alzheimer est passé de 11 millions en 1980 à 18 millions en 2000 et à 25 millions en 2004 (Alzheimer's Disease International). En France, d'après une évaluation ministérielle de 2004, on compte environ 860 000 personnes atteintes par la maladie d'Alzheimer (Gallez, 2005). Ce chiffre pourrait atteindre 1,3 millions en 2020 et 2,1 millions en 2040. Selon cette étude, près de 18% de personnes, âgées de plus de 75 ans, sont atteints par la maladie. A l'échelle mondiale, cette maladie est, après les atteintes de la moelle épinière et les cancers en phase terminale, la troisième cause d'invalidité pour les personnes âgées de plus de 60 ans avec une prévalence de l'ordre de 4 à 6% à cet âge (Cleusa et al., 2006).

Au niveau histologique, le cerveau de patients atteints par cette maladie présente deux types de lésions caractéristiques (Blennow et al., 1907): les plaques séniles et les dégénérescences neurofibrillaires (Figure 1).

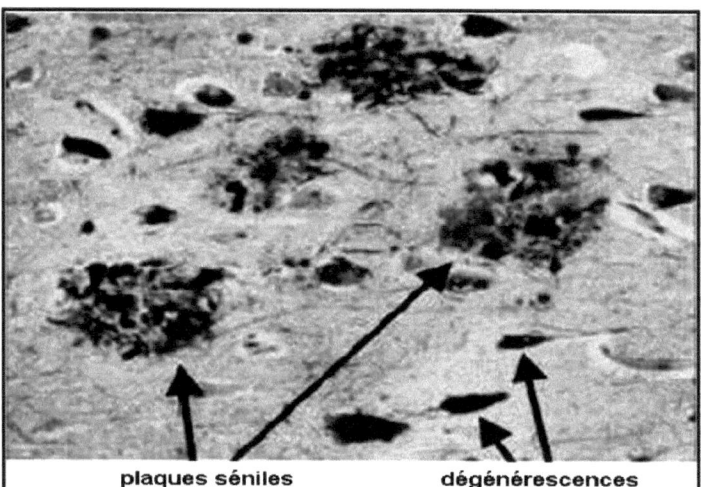

Figure 1 : Coupe du cortex cérébral dans la maladie d'Alzheimer montrant les plaques séniles et les dégénérescences neurofibrillaires (Blennow et al., 1907)

Les plaques séniles sont de petites formations sphériques de 15 à 200 µm de diamètre localisées dans la trame de la substance grise. Elles sont nombreuses au niveau de l'hippocampe et du cortex (Dhenain, 2002). Par contre, les dégénérescences fibrillaires (DNF) sont des inclusions intraneuronales formées de faisceaux de fibrilles de protéines tau hyperphosphorylées (Wischik et al., 1988). Chaque fibrille est constituée de deux filaments hélicoïdaux torsadés (PHF: Paired Helicoidal Filaments) (Duyckaerts et al., 1999).

Selon les travaux de Glenner (Glenner et al., 1984), il a été démontré que le constituant majeur des plaques séniles est le peptide β-amyloïde (Aβ) qui est généré à partir d'un précurseur sous l'action enzymatique de deux protéases : la β secrétase et la γ secrétase (De Strooper and Annaert, 2010). Bien que son rôle causal dans la maladie d'Alzheimer n'ait pas été définitivement établi, diverses observations (Sisodia et al., 1990, Kowal, 1994) suggèrent que le dépôt de ce peptide joue un rôle capital dans la pathogenèse de la maladie (Figure 2).

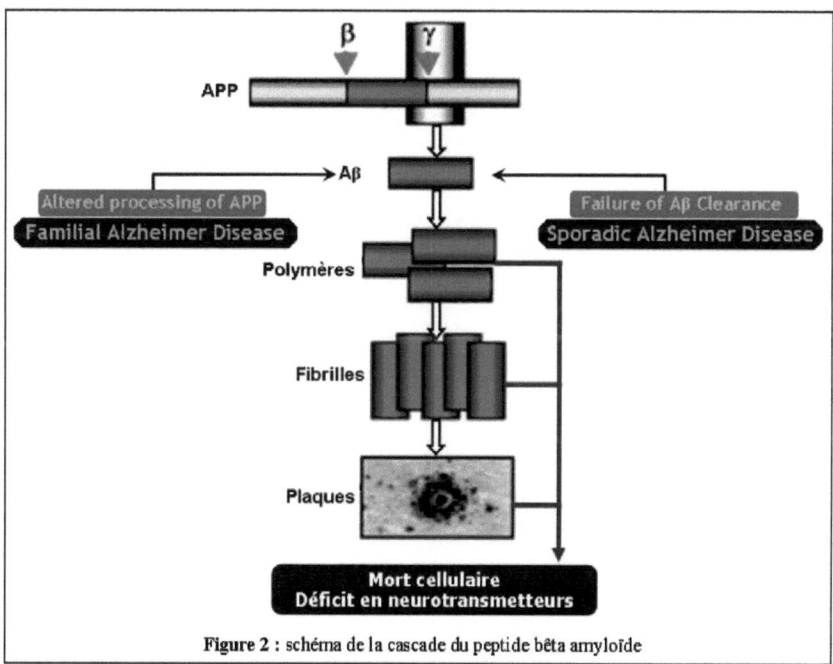

Figure 2 : schéma de la cascade du peptide bêta amyloïde

On distingue deux formes de la maladie d'Alzheimer: la forme dite familiale est plus précoce alors que la forme dite sporadique, plus répandue dans le monde (>95% des cas), augmente fortement avec l'âge (Cleusa et al., 2006).

La forme familiale a une origine génétique impliquant trois gènes : les gènes codant pour les préséniline 1 et 2 (PS1 et PS2) situés respectivement sur les chromosomes 1 et 14 (Schellenberg et al., 1992; Levy-Lahad et al., 1995a) et le gène codant pour le précurseur du peptide β-amyloïde (APP) situé sur le chromosome 21 (Goldgaber et al., 1987).

a. Les présénilines PS1 et PS2 sont deux constituants de la γ secrétase qui est un complexe protéique comprenant plusieurs sous-unités essentielles à son activité protéolytique (Suh, YH and Checler, F. 2002). Les mutations sur le gène de la PS1 sont les plus fréquentes dans le développement des formes familiales (il en existe plus d'une soixantaine) tandis que celles du gène de la PS2 ne concernent que quelques familles (cas des "allemands de la Volga") (Levy-Lahad et al., 1995b). Ces mutations augmentent l'affinité du substrat de la γ secrétase qui se traduit essentiellement par une augmentation du rapport Aβ42/Aβ40. Il est à noter que le peptide Aβ42 est plus toxique que le peptide Aβ40 (Wolfe, 2007).

b. Le précurseur du peptide β-amyloïde (APP) est une glycoprotéine de type I ayant différentes propriétés biologiques et existe sous trois isoformes majeurs: APP770, APP751 et APP695. Sous l'action combinée des secrétases β et γ, l'APP libère des peptides amyloïdes de différentes tailles (Asai et al., 2003, portelius et al., 2009) et en particulier les peptides Aβ40 et Aβ42 qui sont les formes principales existant *in vivo* (Scheuner et al., 1996). Le gène de l'APP présente lui aussi des mutations situées à des positions particulières (Figure 3). L'ensemble des mutations de l'APP est à l'origine de la majorité des formes familiales de la maladie d'Alzheimer.

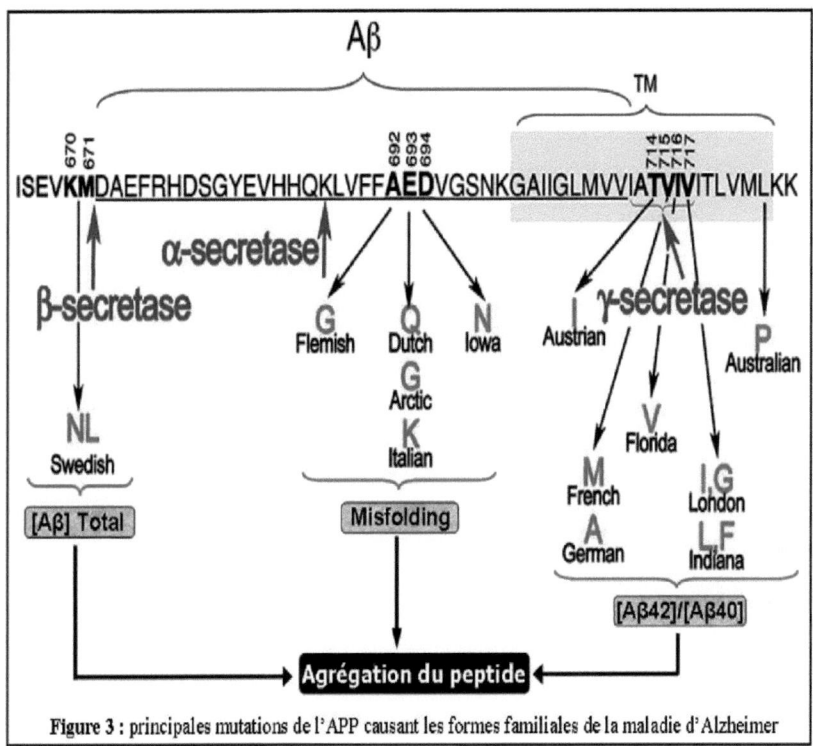

Figure 3 : principales mutations de l'APP causant les formes familiales de la maladie d'Alzheimer

La mutation, localisée autour du site de coupure de la secrétasse β (mutation Swedish) (Wolfe, 2007), augmente la production totale des peptides amyloïdes. Par contre, les mutations autour du site de clivage de la secrétase γ augmentent simultanément la production totale des peptides amyloïdes et le rapport Aβ42/Aβ40 (Wolfe et al., 1999a). Les mutations, situées à l'intérieur de la séquence du peptide Aβ, induisent des modifications physico-chimiques des peptides amyloïdes qui favorisent leur capacité d'agrégation (Wolfe, 2007). Ces mutations sont à l'origine de pathologies telles que les angiopathies amyloïdes cérébrales (AAC) précoces (Van Broeckhoven et al., 1990, Hendriks et al., 1992).

Dans la forme sporadique, plusieurs facteurs peuvent contribuer à l'apparition de la maladie d'Alzheimer. En général, ils augmentant essentiellement le taux circulant du peptide béta-amyloïde et non sa production (Panchal et al., 2004).

a. Le premier facteur concerne les protéases impliquées dans processus de dégradation du peptide Aβ (Miners et al., 2008). On peut citer l'Insulin-degrading enzyme ou IDE (Chesneau et al., 2000; Mukherjee et al., 2000; Panchal et al., 2007), la néprilysine ou NEP (Shirotani et al., 2001), l'Endothelin-converting enzyme ou ECE (Eckman et al., 2001) et l'Angiotensin-converting enzyme ou ACE (Hu et al., 2001). Les données de la littérature sur le rôle de ces enzymes dans la maladie d'Alzheimer sont contradictoires. Certains travaux indiquent une diminution de l'activité de ces protéases dans la maladie d'Alzheimer (Hellstrom-Lindahl et al., 2008) et d'autres une augmentation de ces activités (Miners et al., 2009).

b. Le deuxième facteur, associé à cette forme de la maladie d'Alzheimer, concerne le gène codant pour l'apolipoprotéine E (Strittmatter et al. 1993). Cette protéine, dont il existe 3 allèles du gène (ε2, ε3 et ε4), a un rôle majeur dans le métabolisme des lipides.

c. Le dernier facteur, important dans la maladie sporadique, est le peptide Aβ lui-même qui a des propriétés physico-chimiques intrinsèques particulières. En effet, différentes études structurales, de différents segments du peptide β-amyloïde (Zagorski and Barrow, 1992; Coles et al., 1998; Lee et al., 1999 ; Briki et al., 2011), ont montré que son domaine extracellulaire (séquence NH_2-terminal) adopte une structure hélicoïdale alors que le domaine transmembranaire (séquence COOH-terminal) adopte une structure en feuillet β. Les structures secondaires, adoptées par ces domaines, font que le peptide béta-amyloïde est régi par différents équilibres conformationnels qui lui confèrent des propriétés d'agrégation. Celles-ci sont dépendantes de la concentration et de la taille du peptide (Jarrett et al., 1993) et du pH de son environnement (Burdick et al., 1992; Barrow et al., 1992). Par exemple, la faculté d'agrégation du peptide Aβ42 est nettement supérieure à celle du peptide Aβ40 (Jarrett and Lansbury, 1993).

I.2.2. Maladie de Creutzfeld-Jakob et l'encéphalopathie spongiforme bovine.

La maladie de Creutzfeld-Jakob a été caractérisée au début du 20ème siècle par deux neurologistes allemands Hans Gerhard Creutzfeld (Creutzfeldt, 1920) et Alfons Maria Jakob (Jakob, 1921). Il s'agit d'une dégénérescence du système nerveux central due à l'accumulation du prion sous une forme anormale. Si son origine est inconnue dans la plupart des cas sporadiques, il existe cependant d'autres formes de la maladie : une forme héréditaire (Prusiner, 1994) et une forme ayant pour origine une contamination iatrogénique suite à un acte médical tel qu'une greffe de cornée ou à l'administration d'hormones extraites du cerveau de sujets atteints (Johnson, 2005). La maladie de Creutzfeld-Jakob touche une personne sur un million et se déclare généralement entre 55 et 65 ans. Elle se traduit par un déficit cognitif et/ou des troubles psychiatriques (au maximum démence), des troubles visuels, un syndrome cérébelleux et des mouvements anormaux involontaires.

La protéine prion humaine (PrP) est une glycoprotéine membranaire de 254 acides aminés. Sa fonction exacte n'est pas bien définie bien que plusieurs fonctions lui aient été attribuées telles que la liaison du cuivre, l'induction ou la protection contre l'apoptose ou la transduction de signal (Aguzzi, 2006). La protéine PrP possède au moins deux conformations. La forme native qui est présente dans les cellules saines sous une forme soluble. La forme anormale, présente chez les patients atteints par la maladie, est qualifiée par le terme « scrapie » (PrP-sc). Cette dernière est peu soluble et conduit à la formation de fibres amyloïdes qui induisent la mort des neurones et la dégénérescence du système nerveux central (Prusiner, 1996).

L'encéphalopathie spongiforme bovine (BSE) est un cas de variante de la maladie de Creutzfeldt-Jakob qui a été observée pour la première fois chez les bovins suite à une contamination de leur alimentation par le prion. Cette maladie a été ensuite observée chez des patients anglais qui ont consommé de la viande de ces bovins contaminés (Prusiner, 1996 ; Coulthart et al., 2011).

I.2.3. La chorée de Huntigton.

Cette maladie a été décrite dès le 19ème siècle et son origine génétique était déjà suspectée à cette époque. La description la plus complète de cette pathologie a été réalisée en 1872 par le médecin américain George Huntington (Huntington, 1872). Dans le monde, cette maladie touche entre 5 et 8 personnes sur 100 000 et se déclare généralement entre 40 et 50 ans. En France, 6000 personnes sont atteints de chorée de Huntington (environ 0.01% de la population) alors que 12000 personnes seraient porteuses de cette maladie sans aucun symptôme particulier (Humbert, 2009).

La maladie de Huntington provoque la destruction des cellules de certaines parties spécifiques du cerveau : le noyau caudé, le putamen et le cortex cérébral. Le noyau caudé et le putamen, reliés à de nombreuses autres aires du cerveau, participent dans le contrôle des mouvements du corps, des émotions, de la pensée, du comportement et de la perception du monde extérieur. Lorsque les cellules dans ces régions dégénèrent, les personnes atteintes de la maladie de Huntington éprouvent des difficultés à contrôler leurs mouvements, à se souvenir des événements récents, à prendre des décisions et à contrôler leurs émotions. La maladie conduit à l'incapacité et, tôt ou tard, au décès (Bérubé, 1991).

La maladie de Huntington se caractérise par la présence de dépôts fibrillaires (Figure 4) constitués surtout par une protéine mutée dite «huntingtine» (Htt) (The Huntington's Disease Collaborative Research Group, 1993). Ces dépôts forment des inclusions neuritiques et intranucléaires se traduisant par le dysfonctionnement neuronal puis la mort du neurone (Rangone et al., 2004).

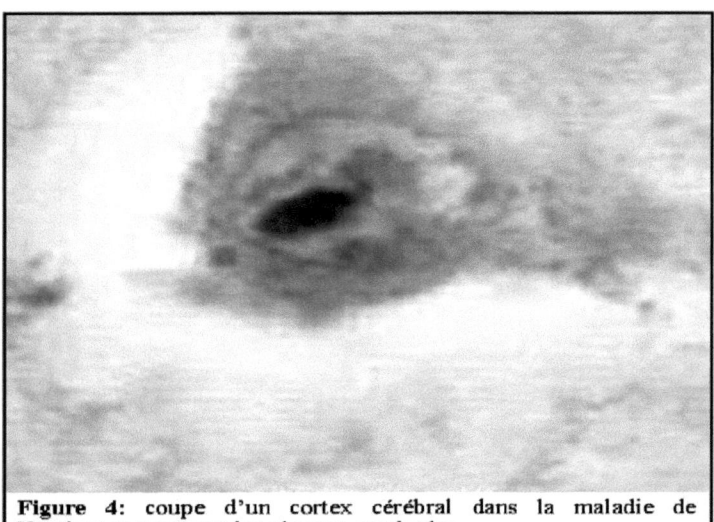

Figure 4: coupe d'un cortex cérébral dans la maladie de Huntington montrant les plaques amyloïdes

Chez les personnes saines, la protéine huntingtine est exprimée sous différentes isoformes et possèdant un nombre variable d'acides aminés glutamiques (entre 6 à 35 résidus) à son extrémité N-terminale. L'analyse de la séquence du gène, codant pour la protéine Htt, montre que le nombre de triplets CAG (résidu Gln) dans le gène normale varie selon les populations (Squitieri et al., 1994). Cette observation suggère que la répétition du triplet CAG n'est pas cruciale pour la fonction normale de la protéine Htt. En effet, des études ont montré que la délétion des répétitions de CAG dans le gène, codant pour la protéine, ne provoque que de subtils déficits comportementaux et moteurs chez la souris (Clabough et al., 2006).

Chez les personnes atteintes par la maladie de Huntigton, la protéine huntingtine contient plus de 36 acides glutamines (Ross et Poirier, 2004) suite à une mutation du gène IT15 situé sur le locus p16.3 du Chromosome 4. Cette mutation consiste en une répétition de la séquence du trinucléotide CAG ou extension polyglutamine. Par immunocytochimie, il a été observé que les régions du cerveau, touchées par cette maladie, sont caractérisées par la présence d'agrégats amyloïdes formés par l'assemblage des protéines Htt via les poly Q situés en leur partie N-terminale (Kim et al., 2001; Li et al., 1998). Plus l'expansion polyglutamine est longue plus la huntingtine sera sensible à l'agrégation et plus les symptômes de la maladie seront graves (Andrew et al., 1993; Duyao et al., 1993). Ces agrégats, hautement structurés, s'apparentent aux fibres amyloïdes retrouvées dans d'autres maladies neurodégénératives (Perutz, 1996). Il a été démontré que les poly Q possèdent des propriétés physico-chimiques leurs permettant de s'associer entre elles in vitro pour former des agrégats (Perutz et al., 1994). En effet, des études de dichroïsme circulaire (CD), sur des peptides synthétiques contenant un nombre variable de résidus Q, ont montré que plus la séquence poly Q est longue plus le pourcentage de structures feuillets ß augmente et plus vite le peptide s'agrège (Perutz et al., 1994).

I.2.4. Maladie de Parkinson.

Sur le plan historique, les symptômes de la maladie de Parkinson sont connus depuis longtemps puisque des tentatives de traitements à base d'herbes ont été effectuées dès l'antiquité en Chine, en Inde et en Amazonie (Manyam and Sánchez-Ramos, 1999). La première description moderne de la maladie a été réalisée en 1817 par le médecin britannique James Parkinson (Parkinson, 2002). Les symptômes, qu'il décrit chez un de ses patient et chez trois personnes rencontrées dans la rue, sont les suivants : (i)-leurs mouvements sont rares et nécessitent énormément d'énergie et une volonté considérable pour se déplacer, (ii)-ils sont atteints de rigidité qui a tendance à les recroqueviller sur eux-mêmes et (iii)-leurs membres sont animés d'un tremblement même au repos. Cette maladie neurodégénérative est la plus courante après la maladie d'Alzheimer et touche environ 1‰ des personnes âgées de 65 ans et 5% des personnes âgées de 85 ans (Wood-Kaczmar et al., 2005). L'âge est le principal facteur de risque (de Rijk et al., 1995).

La maladie de Parkinson présente deux caractéristiques. La première se manifeste, au niveau cellulaire, par la perte de neurones dopaminergiques situés dans la matière grise du cerveau. Ces neurones contiennent les récepteurs de la dopamine (DA) qui sont impliqués dans plusieurs processus neurologiques tels que la motivation, le plaisir, la cognition, la mémoire, l'apprentissage et la motricité fine, ainsi que la modulation de la signalisation neuroendocrine. Le dérèglement de ce système résulte d'un déficit de la dopamine dans les terminaisons axonales où elle agit comme neurotransmetteur en activant les récepteurs dopaminergiques. La dopamine (DA) appartient à la famille chimique des catécholamines. L'autre caractéristique de la maladie de Parkinson est la présence de corps de Lewy (Spillantini et al., 1998) qui sont des inclusions intra neuronales dont le composant principal est la protéine α-synucléine (AS) sous forme de fibrilles (Figure 5).

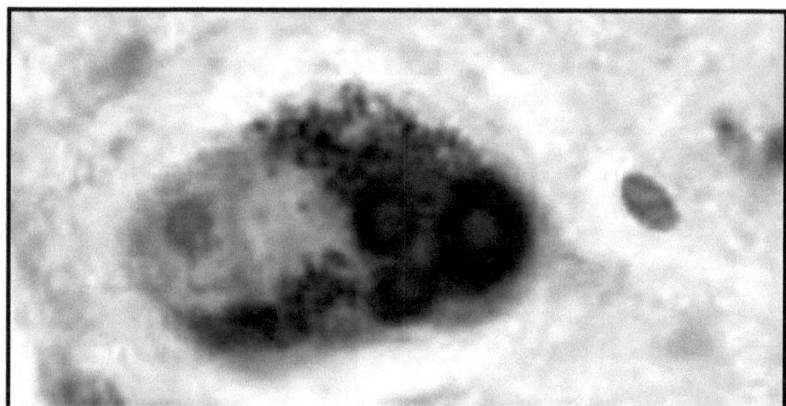

Figure 5: Corps de Lewy intraneural dans la substance noire (coloration brune) révélé par immunohistochimie de l'alpha-synucléine dans la maladie de Parkinson

Dans les conditions physiologiques, la fonction principale de cette protéine AS soluble de 140 aa n'est pas bien définie. Cependant, elle semble jouer un rôle de chaperonne dans la formation de complexes protéiniques impliqués dans la synthèse et la fonction de la dopamine (Kim et al., 2000; Conway et al, 2001). Le métabolisme de la dopamine est un processus complexe impliquant plusieurs enzymes (Figure 6).

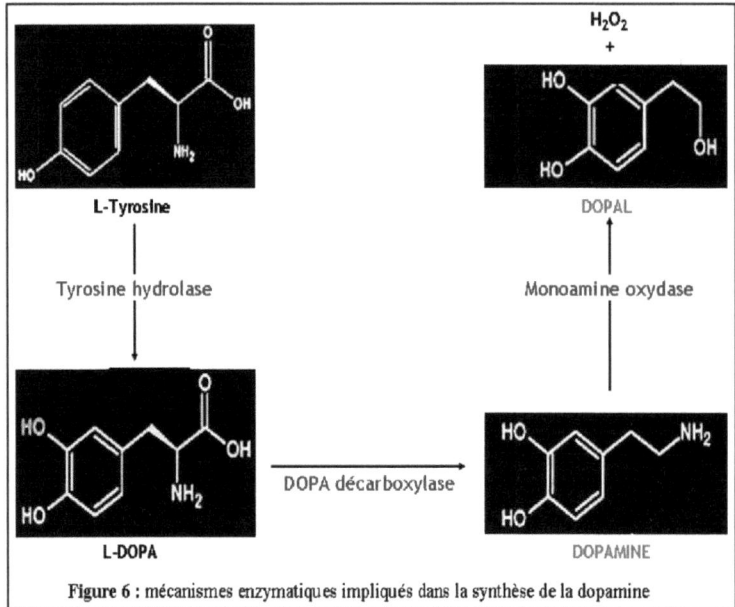

Figure 6 : mécanismes enzymatiques impliqués dans la synthèse de la dopamine

a. La tyrosine hydrolase (TH) catalyse tout d'abord la conversion de l'acide aminé L-Tyrosine en L- DOPA qui est le précurseur de la molécule DA (Kumar and Vrana, 1996). Sous l'action de la DOPA décarboxylase, la molécule L-DOPA est ensuite convertie en dopamine. Cette dernière est ensuite transformée par la monoamine oxydase en molécule DOPAL (3,4-dihydroxy-phenylacetaldehyde) avec libération de l'eau oxygénée (H_2O_2). La régulation du processus de synthèse de la DA est assurée par la protéine AS qui, sous forme monomérique, module l'activité de la tyrosine hydrolase (Perez et al., 2002). L'activité enzymatique de la protéine TH, qui est l'enzyme clé dans ce processus, dépend de sa phosphorylation (Kumar and Vrana, 1996).

b. Après sa synthèse, la fonction de la dopamine dépend d'un transporteur (DAT) qui assure un équilibre entre son stockage et sa libération dans les terminaisons présynaptiques (Wersinger et al., 2003 et 2004). La régulation de ce processus d'homéostasie de la dopamine (Sidhu et al., 2004) est contrôlé par la protéine AS qui, sous forme monomérique, module l'équilibre conformationnel entre les formes actives et non actives de ce transporteur (Sidhu et al., 2004).

Plusieurs études ont montré que le dépôt de la protéine AS joue un rôle majeur dans la pathogenèse de la maladie de Parkinson (Farrer et al., 2001; Duda et al., 2002; Giasson et al., 2002). On distingue deux formes de la maladie de Parkinson: la forme dite familiale est plus précoce alors que la forme dite sporadique augmente fortement avec l'âge (Figure 7).

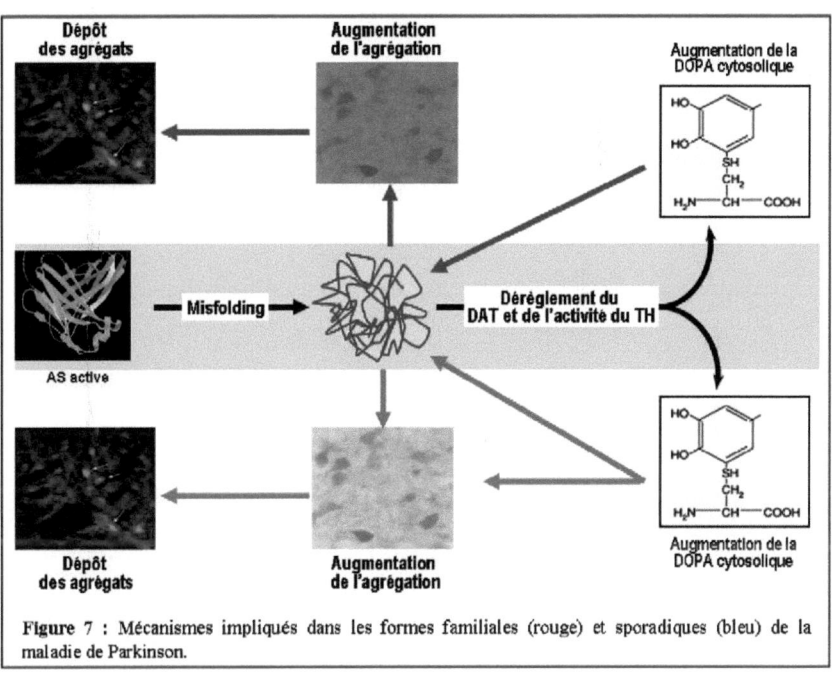

Figure 7 : Mécanismes impliqués dans les formes familiales (rouge) et sporadiques (bleu) de la maladie de Parkinson.

a. Dans le cas de la forme sporadique de la maladie de Parkinson, le stress oxydatif, induit par des facteurs environnementaux, est à l'origine de l'agrégation de l'alpha synucléine (Betarbet et al., 2000; Uversky et al., 2001). Par exemple, la présence de métaux (Berg et al., 2001; Jenner, 2003; Osterova et al., 2003) ou de pesticides, comme la roténone (Betarbet et al., 2000; Uversky et al., 2001), altèrent la stabilité conformationnelle de l'alpha synucléine (Uversky et al., 2001; Munishkina et al., 2004). Sous cette forme, la protéine AS perd son aptitude à moduler le transporteur DAT et la forme active de la tyrosine hydrolase qui, tous les deux, jouent un rôle clé dans la régulation du métabolisme de la dopamine (Figure 7). Il en résulte une augmentation de la dopamine cytoplasmique (Sharma et al., 2001) et de ses métabolites DOPAL et H_2O_2 (Kristal et al., 2001; Maguire et al., 2005). Dans ces conditions, la dopamine subit une oxydation par les radicaux libres générés par H_2O_2 (Curtuis et al., 1974; Spencer et al., 1998; Li et al., 2001; Sluzer, 2001) en générant la formation de molécules DA-quinones (Capai et al., 2005). Ces dernières se lient aux petites oligomères de l'alpha synucléine et génèrent des protofilaments très toxiques (Figure 7). Dans ce cas, la combinaison du mauvais repliement de la protéine AS et le stress oxydatif (généré par la molécule DA et de ses métabolites) joue un rôle majeur dans la formation des oligomères neurotoxiques (Conway et al., 2001; Capai et al., 2005). Il est à noter que le composé DOPAL est capable d'induire seul l'agrégation de la protéine AS (Burke et al., 1998; 2003; 2004).

b. Dans le cas de la forme familiale de la maladie de Parkinson, il existe deux cas. Le 1er cas concerne des mutations (A30P, A53T et E46K) dans le gène codant pour l'alpha synucléine. Il en résulte une déstabilisation de la conformation active de la protéine avec la formation d'agrégats de la protéine (Kruger et al., 1998; Conway et al., 2000; Zarraz et al., 2004). Dans ces conditions, le métabolisme de la dopamine est perturbé (Figure 7) comme dans le cas sporadique mais avec un effet plus drastique à cause de la formation précoce d'agrégats de la protéine AS. Le 2ème cas concerne les mutations dans les gènes codant pour les protéines parkine et UCH-L1 (ubiquitin carboxyterminal hydrolase L1) (McNaught et al., 2001; Shimura et al., 2001; Liu et al., 2002). Ces protéines sont deux enzymes clés dans la voie protéolytique ubiquitine-protéasome. Le blocage de ce système, par ces mutations, engendre l'accumulation de l'alpha synucléine dans les cellules dopaminergiques. Cette anomalie est à l'origine de la diminution de la capacité des cellules à se débarrasser des déchets toxiques qui, en s'accumulant dans le temps, induisent la mort cellulaire. Bien que le système ubiquitine-protéasome soit commun à tous les types de cellules, sa perturbation est létale (dominante) dans le cas de la maladie de Parkinson.

Il est à noter que dans la maladie de Parkinson, les formes familiales, comme les formes sporadiques, se traduisent par un gain de fonction (agrégats toxiques de la protéine AS) et/ou une perte de fonction (oxydation de la dopamine).

I.3. Amyloses systémiques.

I.3.1. L'amylose immunoglobuline (amylose primitive)

L'amylose primitive s'appelle aussi amylose AL (A pour amylose et L pour chaîne légère d'immunoglobuline). Le terme «primitive» indique qu'elle n'est pas secondaire à une inflammation. Chaque année, environ 500 nouveaux cas d'amylose AL sont diagnostiqués en France (Lachmann et al., 2002). Cette pathologie touche un peu plus d'hommes que de femmes. Elle survient le plus souvent chez des personnes âgées de 60 à 70 ans mais peut toucher aussi des patients beaucoup plus jeunes (Lachmann et al., 2002).

L'amylose AL, présentant plus de 60 % des cas des amyloses systémiques, est caractérisée par l'agrégation des chaines légères d'immunoglobulines (ou anticorps) pour donner des fibrilles insolubles qui se déposent dans un ou plusieurs organes tels que les reins, le cœur, le foie et le système nerveux périphérique dont elles altèrent progressivement le fonctionnement (Slvanayagam et al., 2001; Van Geluwe et al., 2006). Les chaînes légères sont produites le plus souvent par les plasmocytes (cellules de la moelle osseuse) ayant pour rôle normal la production d'anticorps dont l'organisme a besoin pour se défendre contre toutes infections. Il arrive qu'une de ces cellules devienne immortelle et continue à se diviser pour former un clone. Les cellules de ce clone produisent alors une même immunoglobuline monoclonale. De ce fait, les chaînes légères d'immunoglobulines, dont leur séquence en acides aminés les prédispose à former des amyloïdes, sont surexprimées. Cette accumulation entraîne leur agrégation en fibrilles insolubles (Alim et al., 1999).

I.3.2. L'amylose réactionnelle (ou amylose secondaire)

L'amylose réactionnelle dite inflammatoire ou secondaire se caractérise par le dépôt d'une substance amyloïde formé par l'amyloïde A du sérum (SAA, *serum amyloid A*) synthétisé dans le foie et dont le taux augmente au cours des phénomènes inflammatoires (Liepnieks, 1995). En effet, l'amylose AA était autrefois la conséquence relativement fréquente d'une inflammation chronique d'origine infectieuse (tuberculose, suppurations bronchiques). Plus rare actuellement, elle s'observe surtout dans des maladies inflammatoires comme la maladie périodique (fièvre méditerranéenne familiale) et la polyarthrite rhumatoïde (Youakim et ., 2004; Lachmann et al., 2007).

La formation des dépôts au cours de l'amylose AA est à la fois liée à certaines propriétés de la protéine amyloïdogène SAA et à des facteurs environnementaux locaux qui stimulent la fibrillogénèse. Par exemple, des taux élevés en SAA persistants est un facteur déterminant dans l'apparition de l'amylose AA (De Beer et al., 1982). En effet, il a notamment été démontré dans de nombreux animaux modèles où des concentrations élevées en SAA sur un temps prolongé précèdent l'apparition de dépôts amyloïdes (Malle et al., 1993). Par ailleurs, il a été montré que ces fibrilles amyloïdes sont constituées surtout de fragments de la protéine SAA tronqués en COOH-terminal (66 à 76 aa) (Husebekk et al., 1985; Rocken et al., 2005).

Des études in vitro ont montré l'importance de l'extrémité N-terminale de la protéine SAA dans sa formation en amyloïdes (Yamada et al., 1995). En effet, la protéolyse de SAA par la cathepsine B, dont les sites de dégradation se trouvent du coté C-terminal de la protéine

SAA, génère des fragments semblables à ceux observés in vivo (Röcken et al., 2005). Au contraire de la protéine SAA qui adopte une structure hélicoïdale dans les conditions normales, ces fragments adoptent une configuration en feuillet β qui leurs permet de former des amyloïdes (Stevens et al., 2008). Par ailleurs, la protéolyse de SAA par la cathepsine L, dont les sites de dégradation se trouvent du coté N-terminal de la protéine SAA, génère des fragments qui sont incapables de former des amyloïdes (Röcken et al., 2005).

I.3.3. Amylose systémique héréditaire.

L'amylose systémique héréditaire est associée au caractère héréditaire autosomal dominant d'un gène. La forme la plus fréquente d'amylose héréditaire est causée par une mutation ponctuelle sur le gène codant pour la protéine transthyrétine (TTR). C'est une protéine du plasma synthétisée essentiellement au niveau du foie. Dans les conditions physiologiques normales, la protéine TTR est sous la forme tétramérique.

Le dépôt des fibrilles de ces protéines TTR a été localisé dans différents tissus nerveux, les intestins, les reins ou le cœur. La maladie résulte du mécanisme de distorsion des tissus causé par ces dépôts. Une des particularités de ces fibres amyloïdes est qu'elles ont une structure particulière de type cross-β qui leurs confère une résistance vis à vis des protéases et entraîne à long terme la formation de plaques délétères.

Plus de 50 mutations sont à l'origine de deux douzaines de variantes de cette protéine qui ont tendance à être plus instables après traitement acide (Ando et al., 2005). Ceci suggère que la formation d'amyloïdes de cette protéine serait associée à un compartiment cellulaire acide (comme les lysosomes). Toutes ces variantes déstabilisent la forme tétramérique de la protéine TTR au détriment de la formation de structures amyloïdes (Damas and Saraiva, 2000). Par ailleurs, plusieurs composés, comme la thyrotoxine (ou des analogues) ou des sulfites, ont été utilisés comme agents thérapeutiques dans ces amyloses car ils ont la capacité de stabiliser la structure tétramérique de la protéine TTR (Miroy et al., 1996; Atland et al., 1999).

Deux modèles possibles ont été proposé pour la formation des fibrilles amyloïdes TTR: une hélice dépliée et composée d'unités avec 24 brins beta (Blake and Serpell, 1996) ou une association de plusieurs unités avec une structure proche du monomère de TTR (Inouye et al., 1998) qui est du type feuillet β. Cependant, on ne sait pas si cette modification résulte de la déstabilisation du tétramère TTR entraînant sa dissociation en monomère ou d'un événement protéolytique (Yamada et al., 1995).

I.4. Amyloses endocrines ou localisées.

L'amylose endocrine est causée par l'amyline (ou IAPP pour Islet Amyloid Polypeptide) qui est un peptide synthétisé avec l'insuline par les cellules beta du pancréas de tous les mammifères. Chez l'homme, le peptide IAPP forme des fibrilles amyloïdes au cours des pathologies comme l'insulinome. Ces fibres se forment dans le pancréas notamment sous la forme d'îlots amyloïde (d'où le nom de « Islet Amyloidosis (IA) ») chez plus de 90 % des patients diabétiques et chez 18 % des sujets normaux présentant un état pré diabétique. Ce type d'amylose est apparemment irréversible et associé à la destruction des cellules secrétant l'insuline.

L'amylose endocrine est associée à la surproduction du peptide amyline qui possède différentes fonctions biologiques. Ainsi, il retarde le vidange gastrique, réduit la sensation de faim et assure le métabolisme glucidique et surtout il inhibe la sécrétion de l'insuline (Peiro et al., 1991; degano et al., 1993; Rodriguez Gallardo et al., 1995). En effet, il a été montré que l'augmentation de la concentration du glucose, qui stimule la sécrétion de l'insuline, est à l'origine de la surexpression de l'amyline qui a pour rôle l'inhibition de l'effet de l'insuline (Marco et al., 1977). Cette surproduction du peptide IAPP et son internalisation dans les tissus des macrophages présents est à l'origine de son accumulation et du déficit de sa dégradation (De Koning et al., 1998). Les facteurs responsables de la conversion d'IAPP en fibrilles sont peu connus.

La région du peptide amyline, responsable de sa formation en fibrilles amyloïdes, est la région 20-29 qui contient notamment une séquence de 4 acides aminés (position 25 à 28) Ala-Ile-Leu-Ser (AILS) similaire à celle impliquée dans la formation de fibres amyloïdes dans les pathologies à prion (Yankner, 1996).

-II- ROLES FONCTIONELLES DES AMYLOÏDES

Comme indiqué dans le tableau 1, il existe une vingtaine de protéines qui sont impliquées dans les maladies caractérisées par des dépôts amyloïdes (Dobson, 2002). Bien qu'elles ne partagent aucune propriété structurale (tant au niveau de leur séquence primaire ou de leur structure tridimensionnelle) ou fonctionnelle commune entre elles, ces protéines ont la capacité de former des fibres amyloïdes ayant les mêmes caractéristiques. Ce n'est que récemment que l'on s'est intéressé aux fonctions non pathologiques des amyloïdes de plusieurs peptides et protéines. Ces amyloïdes ont différentes fonctions chez divers organismes allant de la bactérie aux mammifères.

II.1. Les amyloïdes chez les bactéries

En général, la plupart des espèces bactériennes (entérobactéries, mycobactéries, streptomyces etc...) ne vivent pas individuellement en suspension, mais en communautés complexes adhérant à différents types de surfaces. Cette fonction d'adhérence a été longtemps associée à l'existence de biofilms (Hammer et al., 2008) constitués majoritairement de fibrilles de différents types de polypeptides (Gebbink et al., 2005; Barnhart and Chapan,

2006; Kanamaru et al., 2006). Ces fibrilles permettent aux bactéries, qu'elles soient pathogènes ou non, d'adhérer à différents types de surfaces et par la suite envahir le milieu pour le coloniser (Gebbink et al., 2005; Barnhart and Chapan, 2006; Kanamaru et al., 2006).

(1)-Les bactéries *E. coli* et salmonella, qui sont des entérobactéries pathogènes, forment des fibrilles amyloïdes extracellulaires dits Curli ou tafi (thin aggregative fimbriae) (Figure 8A) dont la composante majeure est la protéine CsgA (Olsen et al., 1993; Loferer et al., 1997). Le mécanisme de formation de ces fibrilles met en jeu plusieurs acteurs (Figure 8B).

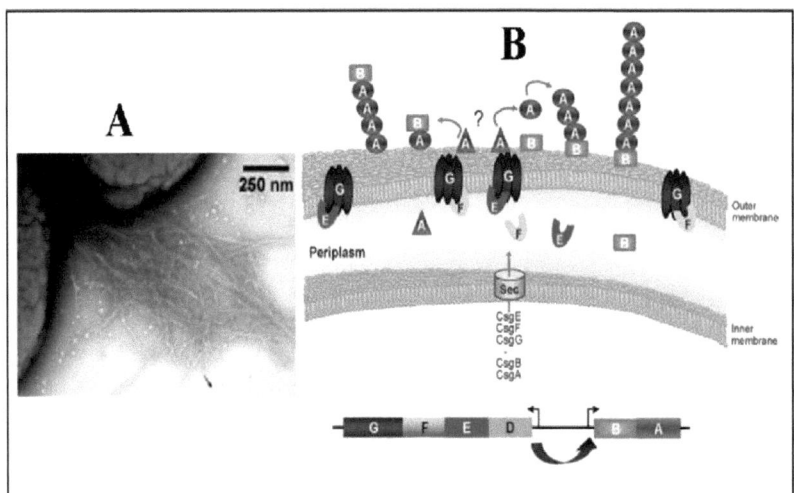

Figure 8 : Mécanisme de formation des fibrilles Curli de *E.coli*. (A): image des fibrilles par microscopie électronique à transmission. (B) : protéines impliquées dans la formation des fibrilles (Loferer et al., 1997)

Tout d'abord, le transport de la protéine CsgA à la surface des cellules est réalisé par la protéine CsgG (Olsen et al., 1993; Loferer et al., 1997). Ensuite la protéine CsgA, interagit avec les protéines CsgB ancrées à la membrane des cellules qui jouent le rôle d'agent de nucléation dans la formation de ces fibrilles. En effet, il a été suggéré que le processus de nucléation est initié par un changement conformationnel de la protéine CsgA lors de son interaction avec la protéine CsgB (Hammar, 1995; Loferer et al., 1997). Ces fibrilles sont fréquemment rencontrées dans des pathologies infectieuses ainsi que dans des maladies qui touchent les animaux et les végétaux. Par exemple, les fibrilles curli des bactéries *Salamonella Typhi* et *Escherichia coli* entérotoxique sont responsables de la fièvre typhoïde et de la gastro entérite. De nombreux travaux ont mis en évidence l'impact des curli, produits par *E. coli* et salmonella, dans leurs étapes d'infection (Bian et al., 2000; 2001). Tout d'abord, ces Curli interagissent avec plusieurs protéines de la matrice des cellules eucaryotes comme la fibronectine, la laminine ou encore les molécules du système d'histocompatibilité de type I (Olsen et al., 1989; Olsen et al., 1993b; Olsen et al., 1998). Compte tenu de la répartition très large de ces protéines dans diverses cellules des vertébrés supérieurs, ces interactions contribuent à la colonisation d'une grande variété de cellules de différents hôtes (Gophna et al., 2001; 2002). Par ailleurs, les curli de *Salamonella Typhi* et *Escherichia coli* ont également la capacité de fixer le plasminogène et surtout de l'activer via la capture de l'activateur t-PA (Sjobring et al., 1994). Ce processus de séquestration se traduit par une surproduction (autour de la bactérie) de la plasmine qui est une protéase impliquée dans la dégradation aussi bien de la fibrine (protéine impliquée dans le processus de coagulation) que de certains composants tissulaires comme le collagène de l'hôte. Ce détournement de différentes molécules biologiques de l'hôte, via les curli, favorise la pénétration et la migration de ces bactéries dans les cellules hôtes et donc leur pouvoir infectieux.

(2)-D'autres entérobactéries pathogènes produisent des amyloïdes cytotoxiques qui leurs permettent de réduire la compétition avec d'autres espèces de bactéries. Par exemple, les bactéries *Klebsiellea pneumoniae* utilise cette stratégie en produisant le peptide Microcin E492 (appelé aussi Mcc) qui a la capacité de former des pores au niveau des membranes cytoplasmiques des bactéries se trouvent dans leur environnement immédiat (Destouineux-Garzon et al, 2003). Il a été observé que ce peptide est plus actif durant la phase exponentielle de la croissance de cette bactérie alors qu'il perd sa propriété cytotoxique pendant la phase stationnaire (De Lorenzo et al., 1984; De Lorenzo, 1985). Bieler et ses collaborateurs (Bieler et al., 2005) ont montré que la polymérisation du peptide Mcc en amyloïdes matures coïncide avec la perte de l'activité antibactérienne alors que ce sont les pré-fibrilles, responsables des pores, qui sont à l'origine de la toxicité (Bieler et al., 2005). Ces pores cytotoxiques, formés par les peptides Mcc, sont morphologiquement similaires aux petits anneaux de protofibrilles formés par le peptide Aβ ou la protéine AS (Lashuel et al., 2002; Dang et al., 2005).

(3)-D'autres genres de bactéries, comme les mycobactéries, produisent des fibrilles, appelées pili, qui leurs procurent un pouvoir pathogène allant de la simple contamination jusqu'aux infections mortelles. Ainsi, les bactéries Mycobacterium *tuberculosis*, responsables de l'infection de l'homme par la tuberculose, produisent des pili, appelé aussi MTP, qui présentent des structures fibrillaires (Figure 9). Ces amyloïdes présentent, à leur surface, des antigènes qui ont la capacité de neutraliser les IgG des patients qui deviennent ainsi vulnérables à l'infection (Lundmark et al., 2005).

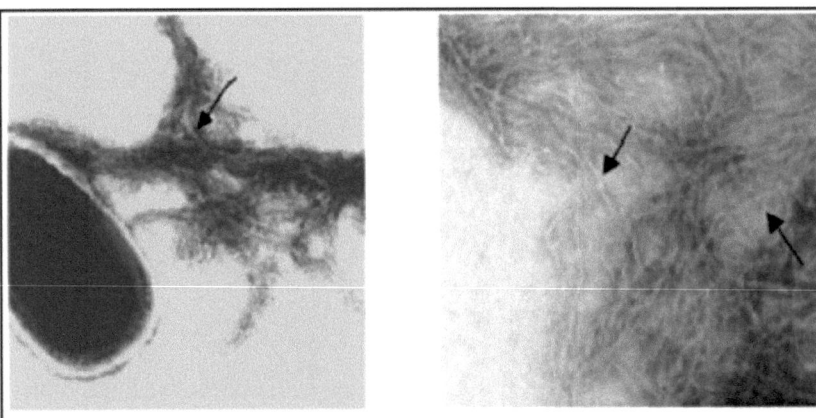

Figure 9 : Morphologie des Pili de Mycobactéruim *tuberculosis* visualisés par Microscope Electronique à Transmission (Lundmark et al., 2005)

(4)-Les streptomyces, une famille de bactéries non pathogènes, participent à la fertilisation de la terre en dégradant la matière organique. Ces bactéries se dispersent dans l'environnement par croissance mycélienne présentant des structures fibrillaires (figure 10).

Par exemple, les bactéries *S. coelicor* se développent dans les milieux humides en formant des amyloïdes à partir des protéines Chaplin (ChpA-H) qui sont hydrophobes (Claessen et al., 2003). Ces dernières, en s'assemblant en fibres amyloïdes, forment une membrane amphipatique impliquée dans la fixation de ces bactéries sur des surfaces hydrophobes (Claessen et al., 2003). D'autre part, pour se développer et coloniser d'autres environnements, les bactéries *S. coelicor* émettent leurs spores dans l'air grâce à ces fibrilles amyloïdes qui, en se rigidifiant, réduisent la tension à la surface de l'eau et donc favorisent le largage des spores du milieu aqueux (Claessen et al., 2003).

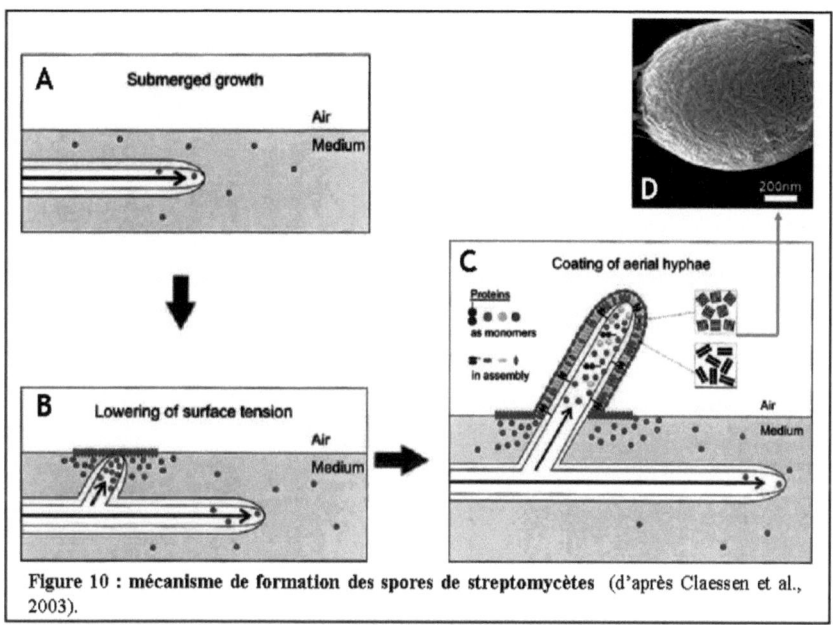

Figure 10 : mécanisme de formation des spores de streptomycètes (d'après Claessen et al., 2003).

II.2. Les amyloïdes chez les levures

Chez les champignons, on dénombre à l'heure actuelle six prions fongiques incluant quatre protéines amyloïdes et deux enzymes. Ces prions sont transmis par l'intermédiaire d'un changement de conformation de la forme native de ces protéines en une configuration anormale qui permet à ces champignons de se propager. Ces prions de levure sont caractérisés par un domaine, riche en acides aminés Q/N, qui porte l'activité prion. Les protéines amyloïdes (Figure 11) correspondent aux protéines Ure2, Sup35 et Rnq1 de la levure *Saccharomyces cerevisiae* (Wickner et al., 2007; Nay et al., 2008) et à la protéine HET-s du champignon filamenteux *Podospora anserina* (Wickner et al., 2007).

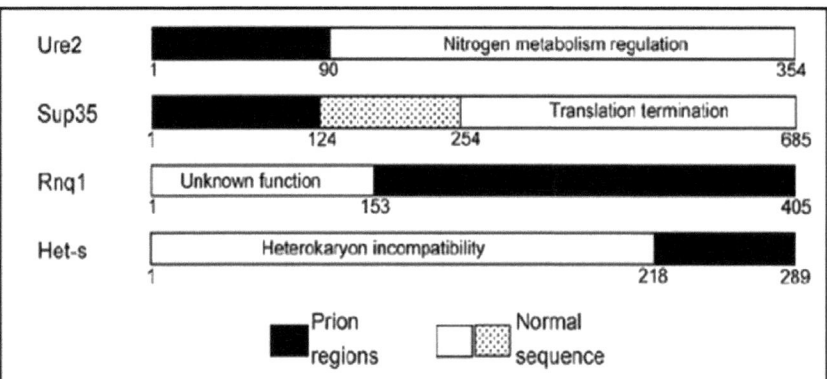

Figure 11 : Structures et fonction des domaines de protéines prions de champignons. Hormis pour la protéine Het-s, les domaines prions correspondent à des régions de poly-Q/N (Lian H.Y. et al., 2006).

(1)-La protéine Ure2p joue un rôle important dans la réponse cellulaire aux sources d'azote en régulant l'activité du facteur de transcription Gln3p qui contrôle les gènes codant pour les enzymes et les transporteurs impliqués dans le catabolisme de l'azote (Lian et al., 2006). Cette protéine de 354 acides aminés présente une homologie avec la glutathione S-transférase et possède deux domaines (Figure 11): le domaine prion qui correspond à la région N-terminale riche en acides aminés N et Q et le domaine C-terminal qui porte la fonction de régulation du catabolisme de l'azote. Le domaine prion n'est pas structuré dans la forme native de la protéine (Pierce et al., 2005). Dans le cas de milieux riches en azote, la protéine Ure2p, sous sa forme monomérique, réprime le facteur de transcription Gln3p. Par contre, dans les sources pauvres en azote, la protéine Ure2p s'agrège et perd ainsi sa capacité à interagir avec le facteur Gln3p qui reprend son activité constitutive. Cette agrégation permet aux cellules de levure [URE3] de moduler leur croissance selon la nature du milieu (Lian et al., 2006).

(2)-La protéine Sup35p agit comme facteur de terminaison de la traduction en assurant la fin de la synthèse protéique à un codon stop. L'agrégation de Sup35p empêche ce mécanisme en générant des protéines avec une extension du côté C-terminal. Cette protéine de 685 acides aminés est composée de trois domaines (figure 11): la région N-terminale (123 résidus) constitue le domaine prion qui est riche en acides aminés N et Q et est essentiel à la formation des fibrilles amyloïdes, le domaine central (130 résidus) qui est très chargé et le domaine C-terminal qui est suffisant pour la terminaison de la traduction (TerAvanesyan et al., 1994). Le domaine N-terminal n'est pas nécessaire à la fonction de Sup35p mais est par contre requis pour la formation et la propagation des cellules de levure [PSI+] (Derkatch et al. 2004). La délétion du gène SUP35 ou de la partie codant pour son domaine C-terminal est létale (Kushnirov et al., 1998). La protéine Sup35p est donc importante pour la fidélité de la traduction (Cox., 1965).

(3)-Rnq1 est une protéine de 405 acides aminés dont le nom signifie "riche en résidus N et Q". Cette protéine est associée à l'élément non chromosomique $[PIN^+]$ correspondant à la forme amyloïde de Rnq1. $[PIN^+]$ est requis pour l'induction de $[PSI^+]$ (Derkatch et al., 2001; Sondheimer et al., 2000).

(4)-Chez certains champignons filamenteux, les fusions cellulaires végétatives se font entre cellules individuelles. Elles se traduisent par le mélange du contenu cytoplasmique des champignons et la production des hétérokaryons végétatifs (cellules multi nucléée) (Dalstra *et al.*, 2005). Chez ces champignons, le locus *het-s* possède deux variantes naturelles très similaires désignées par *het-s* et *het-S* qui codent respectivement pour les protéines Het-s et Het-S. De 289 résidus chacune, ces protéines diffèrent de 13 acides aminées au niveau de leur séquence primaire (Turcq et al., 1990) et possèdent deux domaines distincts (Figure 11). Le domaine globulaire de 220 résidus qui correspond à la séquence N-terminale et le domaine flexible de 69 acides aminés qui est constitué de la séquence C-terminale. Seule la protéine Het-s peut former des fibrilles grâce à son domaine flexible qui peut, même seul, former des fibrilles (Coustou-Linares et al., 2001).

Chez les champignons *Podospora anserina*, la formation des hétérokaryons est régulée par la protéine Het-s qui contrôle le système de reconnaissance cellulaire caractéristique de ces champignons (Coustou et al., 1997). En effet, lorsqu'un hyphe contenant *Het-s* fusionne avec un autre hyphe contenant *Het-S* ou *Het-s*, il y a toujours formation d'amyloïdes due à l'agrégation des protéines Het-s. Cependant, dans le cas de la fusion entre les locus *Het-s* et *Het-s*, il y a propagation du prion (Maddelein et al., 2002) alors que l'on observe la mort de l'hétérokaryon dans le cas de la fusion entre les locus *Het-s* et *Het-S*, (Dalstra et al., 2005). Donc la protéine Het-s, sous forme amyloïde, est active dans la propagation du prion des champignons *Podospora anserina* alors qu'elle est inactive dans la réaction d'incompatibilité végétative (Coustou-Linares et al., 2001).

Ce processus, utilisé par beaucoup de champignons filamenteux, permet de limiter la progression d'infections virales en bloquant la fusion entre colonies génétiquement différentes (Fowler et al., 2007; Wickner et al., 2007).

II.3. Les amyloïdes chez les mammifères

Ce n'est que récemment que l'accent a été mis sur le rôle fonctionnel des fibres amyloïdes dans le corps humain. En effet, différentes études ont démontré que la formation d'amyloïdes contribue au fonctionnement physiologique normal chez l'homme.

(1)-Chez les mammifères, la mélanine est l'un des principaux pigments responsable de la coloration des téguments dans le règne animal et de la couleur de la peau, des cheveux et des yeux chez l'humain. Différentes études indiquent que la protéine Pmel17 est impliquée dans la biosynthèse de la mélanine (Berson et al., 2003; Fowler et al., 2006; Harper et al., 2008). La Figure 12 résume les différentes étapes impliquées dans ce processus. Après sa biosynthèse (étapes i, ii et iii), la protéine Pmel17 libère dans le mélanosome le fragment Mα (étape iv). Ce dernier forme des fibres amyloïdes (étape iv) (Berson et al., 2001, 2003) qui jouent le rôle de matrice pour la synthèse de la mélanine (étape v) en accélérant la polymérisation des molécules mélanogéniques comme le 5,6-indolequinone (DHQ) (Pawelek et al., 1978; Theos et al., 2005).

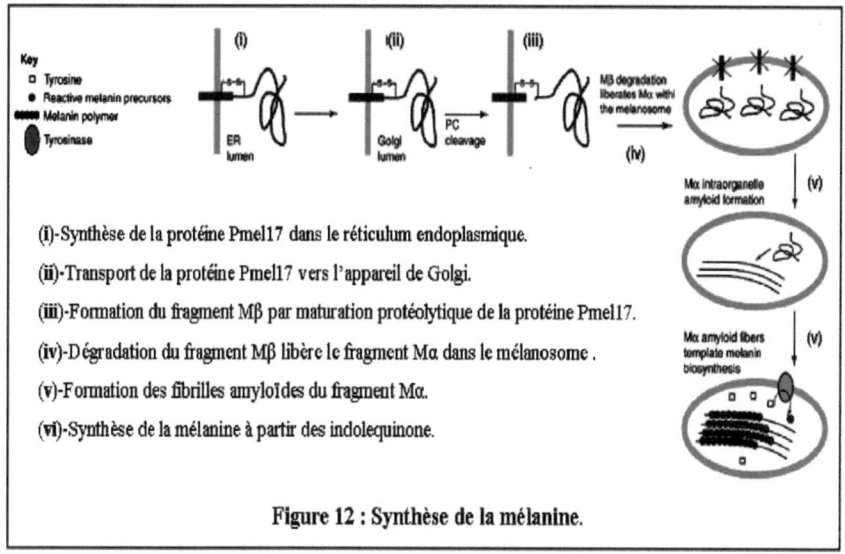

Figure 12 : Synthèse de la mélanine.

(2)-Le système d'hémostasie, chez l'homme, régule la formation des caillots sanguins en faisant intervenir une série de cascades protéolytiques permettant la conversion du fibrinogène en fibrine. Ce dernier se polymérise en donnant lieu à des fibrilles qui représentent le composant majeur des culots sanguins (Bramanti et al., 1997; Kranenburg et al., 2002). De ce fait, la formation des fibrines, sous forme de fibrilles, est l'acteur principal pour s'opposer à l'hémorragie.

(3)-Les peptides sont les acteurs principaux des échanges d'informations entre cellules et tissus et sont aussi une composante essentielle de la défense innée des organismes multicellulaires depuis les plantes jusqu'aux mammifères. Ces peptides fonctionnent comme neuropeptides, hormones ou facteurs de croissance (Tableau 2).

Tableau 2: hormones formant des fibres amyloïdes et leurs fonctions associées		
Hormone	Organe de stockage	Fonction
ACTH	Hypophyse	Stimule les glandes corticosurrénales
Béta endorphine	Hypophyse	Neurotransmetteur
Ucn	Hypothalamus	Neurotransmetteur
CRF	Hypothalamus	Neurotransmetteur
Exendin4	Glande salivaire	régulateur très efficace des phénomènes digestifs
hGhrelin	Estomac	Stimule l'appétit
Obestatin	Estomac	Supprime l'appétit
Glucagon	Pancréas	Hormone hyperglycémiant
Somatostatin	Pancréas	Inhibe le largage de plusieurs hormones
GLP	Pancréas	Stimule la sécrétion de l'insuline quand la glycémie est élevée

Après leur biosynthèse, ces peptides sont empaquetés dans des vésicules qui sont transportés, via le réticulum endoplasmique et l'appareil de Golgi, vers les synapses (Holmes et al., 2003). Sous l'action d'un stimulus, ils sont secrétés dans le milieu extracellulaire sous forme de molécules monomériques capables d'assurer leur(s) diverse(s) fonction(s) biologique(s) (Giannattasio et al., 1975).

Dans ces vésicules, ces peptides sont stockés sous forme d'agrégats (Tooze, 1998; Dannies, 2001) qui ne sont pas amorphes mais possèdent une organisation moléculaire en fibrilles (Miller et al., 1966; Keeler et al., 2004 ; Arvan et al., 2007). En effet, ces amyloïdes interagissent avec le composé ThT ou le rouge Congo et forment des structures riches en feuillets β mesurées par dichroïsme circulaire et observées par les microscopies électroniques (Figure 13) et à force atomique.

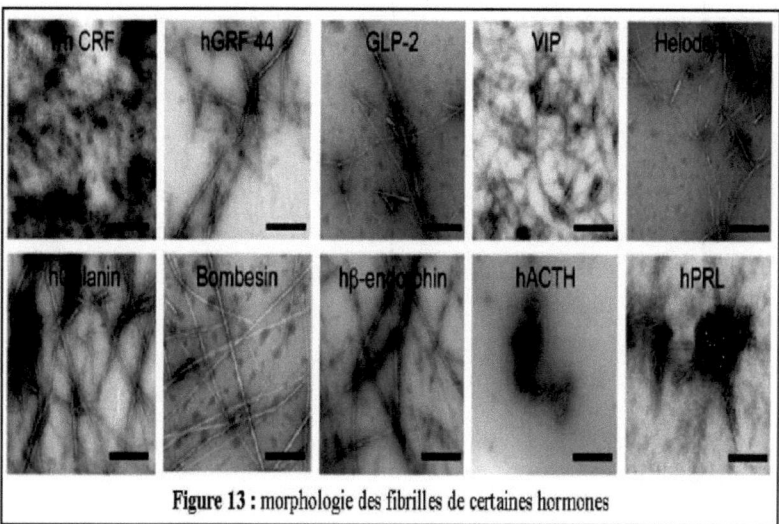

Figure 13 : morphologie des fibrilles de certaines hormones

Le concept que les neuropeptides, les hormones ou les facteurs de croissance soient stockés dans des granules sécrétoires sous forme d'agrégats amyloïdes est contrecarrée par la notion que les fibrilles amyloïdes de protéines, observées dans les maladies neurodégénératives, sont très stables et ne libèrent pas de monomères. Récemment, une étude a confirmée la fonctionnalité des amyloïdes de différents peptides (Maji et al., 2009). En effet, la fluorescence de la Thioflavine des échantillons testés diminue au cours du temps sous l'effet de la dilution. Par ailleurs, l'analyse par CD montre que la forme libérée des peptides agrégés (par exemple le CRF en structure hélicoïdale) adopte la conformation fonctionnelle. De plus, il a été démontré que les formes monomériques et agrégées de ces peptides sont actives.

Cette aptitude des neuropeptides, des hormones et des facteurs de croissance, à être stockées sous forme de fibrilles, est un processus nécessaire et important pour prévenir leur dégradation par des enzymes de dégradation et pour la conservation de leur(s) fonction(s) biologiques (Holmes et al., 2003).

-III- LES AMYLOÏDES

Le terme amyloïde se réfère, dans son sens classique, à des dépôts extra ou intracellulaires composés principalement de protéines assemblées en fibres. Ce terme est aujourd'hui plus largement utilisé pour désigner toutes les protéines qui adoptent une structure en feuillets β croisés.

III.1. Caractéristiques des protéines amyloïdes

Les protéines, impliquées dans la formation des dépôts amyloïdes, correspondent à des protéines naturellement produites par l'organisme et ne possédant pas de relations structurales ou fonctionnelles communes (Kelly., 1996). A l'état natif, ces protéines peuvent adopter des structures secondaires de type hélice α, feuillet β ou apériodique. Les changements conformationnels, au cours de la fibrillation des protéines, augmentent généralement leur contenu en structures feuillet β (Grateau, 2000). Les fibrilles sont des espèces insolubles et résistantes à la protéolyse. Ces propriétés favorisent leur capacité à former des dépôts amyloïdes (Sipe et al., 2000; Ohnishi et al., 2004).

Les amyloïdes de protéines possèdent plusieurs propriétés qui permettent de les caractériser. Premièrement, les dépôts amyloïdes, colorés au rouge Congo (Divry et Florkin, 1927), possèdent, sous une lumière polarisée, une biréfringence vert pomme caractéristique (Figure 14A). Cette propriété optique démontre la nature non amorphe des fibrilles amyloïdes (Ohnishi et al., 2004). Deuxièmement, la Thioflavine T est une sonde également utilisée pour mettre en évidence les fibrilles amyloïdes. En effet, ce marqueur ne fluorescence que lorsqu'il se lie aux fibrilles (LeVine, 1993; Naiki et al., 1989). Troisièmement, l'analyse de la forme générale des fibrilles, par microscopie électronique (Cohen et al., 1959), montre que les dépôts amyloïdes sont composés de fibrilles torsadées et non ramifiées de 70 à 120 Å de large et de longueur indéterminée (Figure 14B).

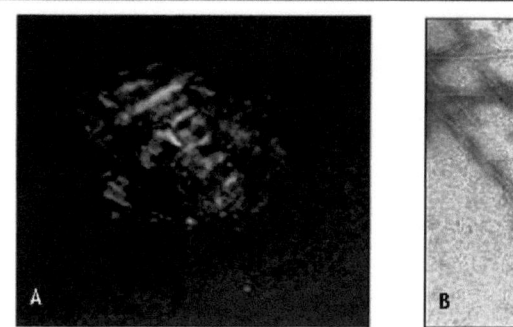
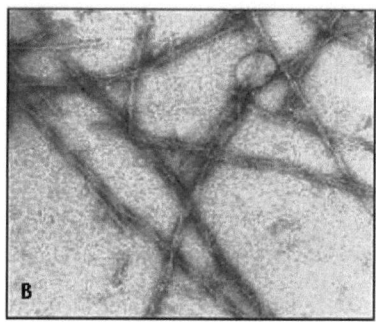

Figure 14 : caractéristiques des fibrilles amyloïdes. (A): biréfringence sous une lumière polarisée (Conway et al., 2000). (B):. vue par microscopie électronique (Dobson, 1999).

Au niveau structural, deux études de diffraction aux rayons X (Eanes et al., 1968; Bonar et al., 1969) ont montré que les fibrilles amyloïdes possèdent une structure ordonnée appelée "cross β" dans laquelle les chaînes polypeptidiques adoptent une conformation où les feuillets β se propagent dans la direction du grand axe des fibrilles et les brins β individuels perpendiculairement à cette dernière (Figure 15).

Figure 15 : Représentation de la structure du cœur d'une fibre. Les feuillets β sont représentés par des flèches. Le cœur de la fibre est en feuillets β croisé (Blake and Serpell, 1996)

Plus récemment, l'étude cristallographique de fibres amyloïdes a pu être abordée partiellement en utilisant des fragments peptidiques dérivés de la protéine prion Sup35 de levure, du peptide Aβ et des protéines Tau et PrP (Neslon et al., 2005; Neslon et al., 2006;

Sawaya et al., 2007). Les structures obtenues, appelées "steric zipper", correspondent à deux feuillets β étroitement associés et dont les chaînes latérales sont croisées (Figure 16).

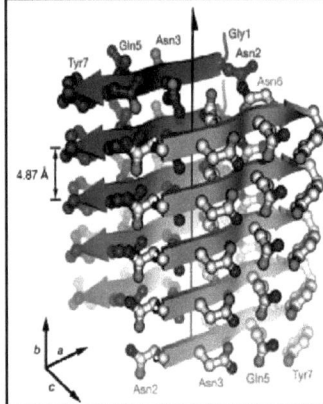

Figure 16: structure 3D de fibrilles amyloïdes. Paire de feuillets β formant la structure de la fibrille du peptide GNNQQNY de Sup35p.

Les études, par dichroïsme circulaire (CD) et par spectroscopie infrarouge, indiquent un contenu élevé en feuillets β pour les fibrilles amyloïdes (Ohnishi et al., 2004; Makin et al., 2005). D'autres études, par microscopie à force atomique (AFM) et par microscopie électronique (ME), ont montré que les fibrilles amyloïdes sont composées de plusieurs sous-unités, appelées protofilaments, qui peuvent donner différentes morphologies aux fibrilles amyloïdes. Par exemple, les fibrilles d'insuline peuvent être formées de 2, 4 ou 6 protofilaments bien que la taille et la forme des protofilaments soient toujours les mêmes (Jiménez et al. 2002; Makin et al., 2005).

III.2. Base moléculaire de la formation des fibrilles amyloïdes.

Pour comprendre les mécanismes moléculaires qui sont à la base de la formation des fibrilles d'amyloïdes, il a été proposé que le processus d'agrégation des protéines soit initié suite à une déstabilisation de leur conformation native. Cet état de la protéine favorise un repliement partiel conduisant à la formation d'une conformation partiellement dépliée ou d'un intermédiaire instable (Rochet and Lansbury, 2000; Dobson, 2001; Fink, 2008). Cependant, les processus d'agrégation ne peuvent se déclencher que si les conformations partiellement repliées des protéines sont stabilisées (Uversky et al., 2001; Goers et al., 2001). Ces conditions sont réalisables s'il y a :(i)-un dysfonctionnement dans le système ubiquitine–protéasome qui débarrasse les cellules de protéines endommagées, (ii)-un problème dans le fonctionnement des chaperonnes qui participent au bon repliement fonctionnel des molécules (iii)-une augmentation des protéines mal repliées suite à une surproduction des protéines incriminées comme dans les maladies dégénératives et (iv)-une déficience dans les systèmes anti-oxydants. Généralement, le processus de "misfolding" peut se produire sporadiquement ou résulter de mutations dans le gène codant pour la protéine amyloïde et/ou ses protéines partenaires citées précédemment.

Le modèle général d'agrégation (Figure 17) montre que les protéines avec différents types de structures secondaires (hélice α, feuillet β, random coil) ou possédant un ou plusieurs domaines spécifiques peuvent subir un processus d'agrégation (Uversky and Fink, 2004). Cependant, la formation de fibrilles amyloïdes (figure 17, 4a) n'est pas la seule caractéristique des maladies dites «conformationnelles» ou de dépôts de protéines. Dans plusieurs troubles aussi bien que dans des nombreuses expériences in vitro, les dépôts de protéines sont composés d'agrégats amorphes sans ordre local (figure 17, 4c). De même, les oligomères solubles (figure 17, 4b) représentent un autre produit final alternatif du processus d'agrégation. Le choix entre les trois processus d'agrégation (fibrillation, formation d'agrégats amorphes et oligomérisation) est déterminé par la séquence primaire et l'environnement de la protéine incriminée (Uversky and Fink, 2004).

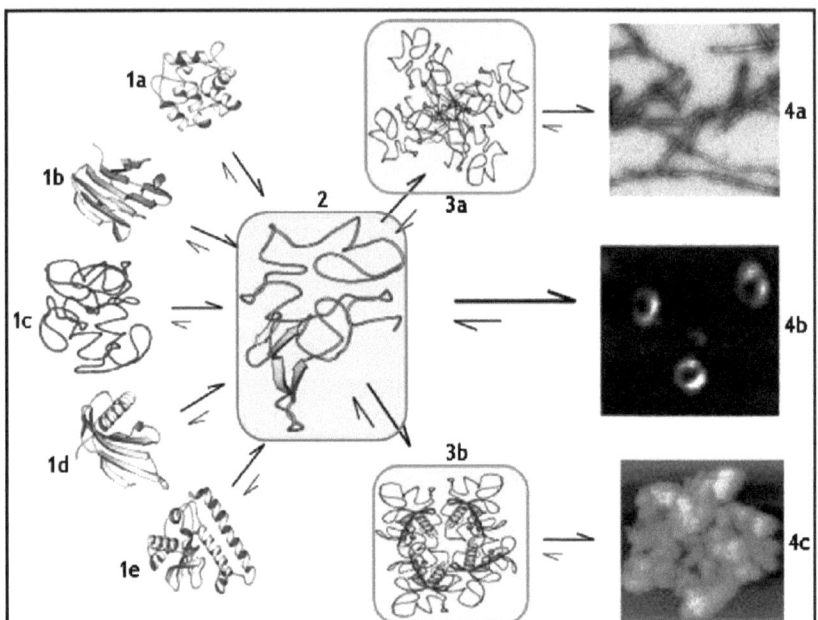

Figure 17 : Modèle général d'agrégation des protéines (d'après Uversky et Fink, 2004).
[1]-Structures des protéines: hélice α (1a), feuillet β (1b), apériodique (1c), structure α+β (1d), structure α/β (1e).
[2]-Conformation mal repliée. [3]-Oligomères spécifiques: nucleus (3a), protofilaments (3b).
[4]-Dépôts: fibrilles (4a), oligomères solubles (4b), agrégats amorphes (4c).

III.3. Mécanisme de formation des fibrilles amyloïdes.

L'étude expérimentale du processus d'agrégation des protéines est complexe car les formes intermédiaires sont transitoires, en équilibre dynamique, en faibles concentrations et présentant plusieurs niveaux d'oligomérisation et une grande variabilité conformationnelle. De plus, l'oligomérisation est dépendante de différents types de conditions tels que le pH, la température ou l'agitation (Munishkina et al., 2004). Le tableau 3 résume les différentes techniques utilisées pour caractériser les différentes espèces formées durant les étapes du processus d'agrégation des protéines.

Tableau 3 : Approches expérimentales pour suivre l'agrégation des protéines (tiré de Jahn et Radford, 2005).

Experiment	Technique	Species
Kinetic[b]		
Folding/Assembly	Spectroscopy[c] (absorption, fluorescence, CD, etc.)	U, N, O, A
	NMR (real time, relaxation and line-shape analysis, etc.)	U, N
	Mass spectrometry	U, N, O, A
	Single molecule experiments (FRET, optical tweezers, etc.)	U, N
	Protein engineering (phi-value analysis, etc.)	U, N
	Specific dye binding (ANS, Thioflavin T, ligands, etc.)	U, N, O, A
	Hydrogen-deuterium exchange	U, N, O, A
	Turbidity and light-scattering	N, O
	Chemical cross-linking	O, A
Equilibrium		
Structure	X-ray crystallography	N
	Fibre diffraction	A
	Solution NMR	U, N
	Solid state NMR	O, A
	Cryo-electron microscopy	A
Conformation	Spectroscopy (see above)	U, N, O, A
	Electron and atomic force microscopy	O, A
	Analytical ultracentrifugation	U, N, O
	Gel permeation chromatography	U, N, O
	Calorimetry	U, N
Dynamics	NMR (relaxation measurements, dipolar couplings, etc.)	U, N
	Hydrogen-deuterium exchange	U, N, O, A
	Denaturant and proteolysis stability	U, N, O, A

A: fibre amyloïde; N: structure native; O: oligomères solubles;
U: états dépliés ou partiellement repliés.

Plusieurs modèles ont été proposés pour décrire le processus de formation des fibrilles amyloïdes (Rochet and Lansbury, 2000; Dobson, 2001; Fink, 2008). Actuellement, on en dénombre 4 modèles.

(1)-Le plus populaire est le modèle de nucléation de la polymérisation (Nucleated polymerization) proposé par Jarett et Lansbury (Jarrett et Lansbury, 1993).

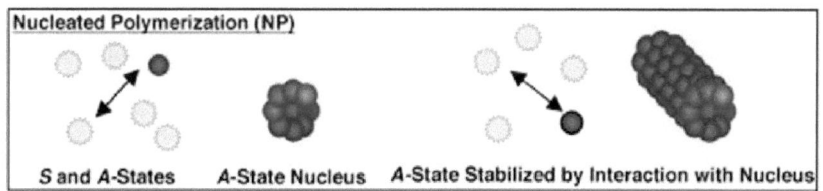

Ce modèle est caractérisé par un temps de latence durant lequel il y a formation d'un noyau stable. Une fois ce dernier formé, la propagation par addition successive de nouveaux monomères devient thermodynamiquement favorable et donc la fibre croît rapidement. L'étape limitante (ou temps de latence) est donc la formation du noyau. Une fois le noyau formé, les oligomères de faibles M_w s'assemblent aux deux extrémités de la graine amyloïde (croissance longitudinale). Dans ce modèle, l'étape limitante peut être réduite si on ajoute des noyaux préformés dans la solution initiale.

(2)- Un deuxième modèle, dit assemblage assisté par une matrice (Templated Assembly), suggère l'association rapide d'une protéine soluble (S) en conformation random-coil sur un noyau préformé.

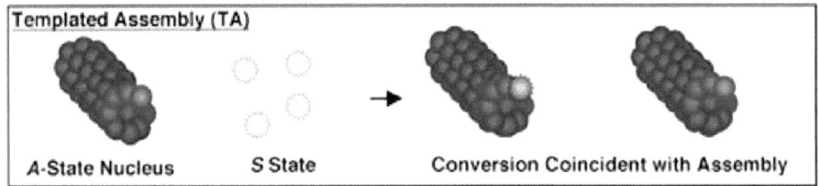

Cet assemblage est suivi d'une étape d'adaptation structurale (étape limitante) pendant laquelle la protéine s'accommode à la surface de la graine amyloïde pour poursuivre l'élongation..

(3)- Le troisième modèle proposé est le modèle de conversion dirigée par l'espèce monomérique (Monomer directed conversion).

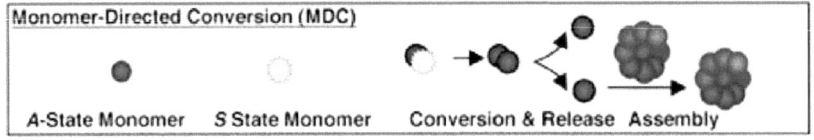

Ce modèle implique que la protéine monomérique présente un caractère amyloïde (A) analogue à la conformation adoptée par cette protéine dans les fibrilles. Ce monomère structuré est alors capable de convertir une protéine soluble (S) pour former un dimère ayant un profil amyloïde (A). Cette étape est l'étape limitante dans ce mécanisme. Ensuite, le dimère se dissocie en monomères structurés qui s'assemblent rapidement sur les fibrilles en formation.

(4)-Le dernier modèle, dit nucléation de la conversion conformationnelle (Nucleated conformational conversion), combine l'information des modèles «Templated Assembly» et «Nucleated polymerization». Ce modèle s'appuie sur des données obtenues pour la protéine prion Sup35 de levure.

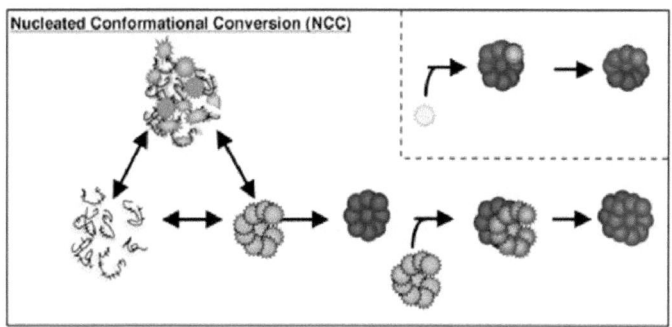

Dans ce processus, la conversion conformationnelle est initiée par un complexe de protéines sous forme agrégées et en équilibre dynamique (pas de structure quaternaire établie). Les protéines, moins structurées, vont alors former un noyau à leur contact. Une fois ces noyaux formés, la propagation a lieu rapidement par un mécanisme de matrices qui induit le changement conformationnel des noyaux entiers. Les auteurs suggèrent que ces oligomères ont une structure annulaire, sous forme de micelle (Serio et al., 2000). La première étape est l'étape limitante de ce modèle.

III.4. Facteurs impliqués dans la formation des fibrilles amyloïdes.

La cinétique de formation des fibrilles dépend non seulement de la concentration de la protéine mais aussi de nombreux autres paramètres (Nielsen et al., 2001). Ceux-ci peuvent être inhérents aux propriétés physico-chimiques de la protéine (hydrophobicité ou sa charge) qu'aux conditions de l'environnement de la protéine (pH, force ionique, température ou agitation). De plus, la formation des fibrilles amyloïdes nécessite la rencontre entre les espèces monomériques de la protéine. Cette rencontre est favorisée par les facteurs, mentionnés précédemment, qui ont la capacité de moduler la diffusion des macromolécules dans la solution et de favoriser les interactions entre elles.

La concentration initiale de la protéine est un facteur crucial dans la formation de fibrilles. En effet, plus la concentration des protéines est importante plus les interactions, principalement électrostatiques et hydrophobes, sont favorisées (Uversky et al., 2001; Wang et al., 2009). Plusieurs facteurs peuvent modifier ces interactions. Les protéines en solution possèdent une charge électrique qui dépend de leur composition en acides chargés et du pH de la solution. Lorsque le pH de la solution est proche du point isoélectrique (pI) de la protéine, la charge électrique de cette molécule est globalement neutre et les interactions répulsives sont plus faibles. En revanche, lorsque le pH est éloigné du pI, les charges sont nombreuses et la répulsion électrostatique est grande. Cette répulsion électrostatique entre les protéines peut être atténuée grâce à l'interaction entre les charges dans le cas d'une solution de grande force ionique. D'autre part, les interactions hydrophobes entre les protéines sont des interactions attractives. Si une protéine possède des segments hydrophobes, elle aura tendance à se polymériser (Uversky and Fink, 2004).

D'autres facteurs peuvent moduler la diffusion des protéines au sein de la solution telle que l'augmentation de la température qui favorise l'agitation thermique des protéines et par la suite leur diffusion. Des études ont montré que l'augmentation de la température diminue le temps de latence (Sabaté et al., 2005) et augmente la vitesse d'élongation (Kusumoto et al., 1998) des processus d'agrégation des protéines. Cependant, la température joue aussi un rôle sur la stabilité de la protéine. Une alternative à l'agitation thermique est l'agitation mécanique qui a aussi la capacité à favoriser le contact entre le solvant et les molécules. Elle diminue la durée de la phase de latence et semble aussi atténuer l'effet de la force ionique et de la concentration en protéine (Nielsen et al., 2001).

En plus des facteurs externes, les propriétés intrinsèques des protéines, comme leurs structures secondaires et leurs stabilités conformationnelles, jouent un rôle important dans la formation des fibres amyloïdes (Rochet and Lansbury, 2000; Dobson, 2001; Goers et al., 2001; Uversky et al., 2001; Fink, 2008). Si les protéines, susceptibles de former des fibres amyloïdes, sont retrouvées dans toutes les classes structurales (Figure 17), elles doivent subir des changements conformationnels, nécessaires à la formation de l'état partiellement replié, pour pouvoir initier le processus d'agrégation. Cet état favorise les interactions électrostatiques et hydrophobes nécessaires à l'oligomérisation et à la formation des fibrilles (Nielsen et al., 2001 ; Uversky and Fink, 2004). De nombreuses études expérimentales confirment cette hypothèse en montrant qu'un dépliement partiel est une étape essentielle à la formation des fibrilles de protéines (Fandrich et al., 1998; Schmitt and Scholtz, 2003). La déstabilisation de l'état natif peut aussi être obtenue de manière artificielle en mutant certains acides aminés de la protéine, en changeant le pH, la température et la pression ou en utilisant des agents dénaturants (Jarrett and Lansbury, 1993 ; Booth et al., 1997; Munishkina et al., 2004).

Projet de recherche

Le repliement anormal des peptides et protéines, conduisant à la formation de dépôts riches en feuillets beta croisés, est la cause de nombreuses pathologies regroupés sous le terme d'amyloses. Plus récemment, il a été démontré que l'agrégation de protéines en amyloïdes concerne aussi des protéines ayant des propriétés physiologiques et qui ne sont pas reliés aux amyloses (Chiti et al., 1999; Frandrich et al., 2001).

Les protéines amyloïdes, intervenant dans des cas pathologiques ou non, n'ont pas de relations structurales et fonctionnelles communes. Cependant, les fibres amyloïdes, obtenues suite à leur agrégation, présentent des propriétés morphologiques et biochimiques similaires et présentent tous une certaine cytotoxcité (Vieira et al., 2007). Donc, ceci suggère que la capacité à former des fibres amyloïdes est une propriété générique à toutes les protéines qui peuvent s'assembler sous certaines conditions (Chiti et al., 1999; Bucciantini et al., 2002).

De ce fait, l'étude et la compréhension du processus d'agrégation des protéines amyloïdes ainsi que l'étude de l'effet des petites molécules à différents niveaux de ce processus est l'une des approches pouvant faciliter le développement de stratégies pour prévenir contre la formation des agrégats, la déstabilisation des fibrilles une fois formés et par la suite prévenir contre la toxicité.

Mes travaux de thèse ont consisté, dans un premier temps, à l'étude du mécanisme d'agrégation du lysozyme du blanc d'œuf par plusieurs techniques physico chimiques. Dans la 2ème partie je me suis focalisé en premier temps à l'étude de la cinétique d'inhibition de l'agrégation du lysozyme par différentes molécules pour étudier par la suite l'efficacité des substances naturelles sur le processus d'inhibition de l'agrégation de cette protéine.

Introduction

Matériels et Méthodes

Résultats

Discussion et perspectives

Références bibliographiques

I. PRODUITS CHIMIQUES ET PROTEINES.

Le lysozyme du blanc d'œuf de poulet (HEWL ; EC 3.2.1.17) (poudre lyophilisé, numéro du lot L 6876-50,000 unité/mg de protéine), la thioflavine T(ThT), la glycine, la rutine, la nicotine, la dopamine et le resvératrol ont été obtenus chez Sigma (St Louis, MO).

L'alpha-synucléine a été cloné dans un vecteur d'expression pET11a et introduit dans E. coli BL21 (DE3). La protéine a été purifié dans notre laboratoire selon le protocole de Wang et al., (2005)

II. FORMATION DES FIBRILLES DE LYSOZYME.

Pour former les fibrilles et les oligomères du lysozyme du blanc d'œuf de poulet, une solution de la protéine à 20 mg/ml (1,4mM) a été préparée dans un tampon glycine-HCl (20 mM) à pH 2. Cette solution a été ensuite incubée durant différents temps à 57°C dans un thermomixer sous une agitation de 700 rpm. Une durée de 12 jours a été nécessaire pour obtenir des fibrilles.

III. FLUORESCENCE DE LA THIOFLAVINE T (THT).

III.1. Préparation des solutions de la ThT.

La solution stock (A) de ThT a été préparée comme indiqué dans le protocole décrit par Nilson (Nilsson, 2004). 10 mg de ThT ont été dissout dans 10 mL d'un tampon phosphate (10 mM) pH 7,4, contenant 150 mM de NaCl, La solution est conservée à température ambiante à l'abri de la lumière.

III.2. Mesure de la fluorescence de la ThT.

La formation des oligomères est suivie par le changement de l'intensité de l'émission fluorescence du ThT. Ce fluorophore est ajouté à l'échantillon du lysozyme (10 µM) à une concentration finale de 15 µM. L'émission de fluorescence de la solution est mesurée en utilisant un spectrofluorimètre de type Bowman. La longueur d'onde d'excitation (λex) est fixée à 440 nm tandis que la longueur d'onde d'émission (λem) est située autour de 482 nm. La largeur des fentes d'excitation et de l'émission est fixée à 4 nm. Le trajet optique est de 1cm. La fluorescence est de la ThT est mesurée en absence et en présence de la protéine.

III.3. Analyse de la variation de la fluorescence de la ThT

Pour déterminer le taux d'oligomères de la protéine en fonction de différents paramètres, nous avons mesuré l'aire des spectres obtenus entre 455 et 595 nm. Puis, nous avons traité les variations de la fluorescence de la ThT par une courbe sigmoïdale qui obéit à l'équation suivante :

$$Y = y_i + m_i x + \frac{y_f + m_f x}{1 + e^{-[(x - x_o)/\tau]}}$$

Y: intensité de fluorescence mesurée à différents temps

x: temps d'incubation

y_f, y_i: intensité de fluorescence maximale et minimale

x_0: temps d'incubation au bout duquel on atteint 50% de la fluorescence maximale

τ: inverse de la constante apparente de croissance des fibrilles K_{app}

m_i, m_f: paramètres d'ajustement

Après traitement informatique des résultats, on déduit de la courbe 2 paramètres (x_o et τ) qui permettent de calculer les caractéristiques du processus d'agrégation d'une protéine :

- le temps de latence $t = x_o - 2\tau$

- la constante apparente de croissance des fibrilles $K_{app} = 1/\tau$.

IV. FLUORESCENCE DES RESIDUS AROMATIQUES.

Les spectres d'émission de fluorescence des résidus aromatiques sont mesurés à l'aide d'un spectrofluorimètre de type Bowman. Pour les résidus tryptophane, la longueur d'onde d'excitation est de 295 nm (ce qui permet d'éviter l'excitation des résidus tyrosine) alors que les spectres d'émission ont été mesurés entre 310 et 450 nm. La largeur de la fente utilisée est de 4 nm dans les 2 cas (l'émission et l'excitation). Les spectres de fluorescence sont pris pour une concentration de lysozyme de 14 µM.

V. QUENCHING DE LA FLUORESCENCE DES RESIDUS TRYPTOPHANE PAR L'ACRYLAMIDE.

La fluorescence intrinsèque des résidus Trp du lysozyme est mesurée avant et après addition du quencheur en intégrant les spectres d'émission obtenus entre 310 et 450 nm après excitation des échantillons à 295 nm. Les courbes de quenching sont ensuite analysées par l'équation de Stern Volmer décrite par l'équation suivante :

$$F0/F = 1 + K_{sv} \times [Q]$$

F0 : intensité de fluorescence en absence de quencheur,

F : intensité de fluorescence en présence de quencheur,

[Q] : concentration molaire du quencheur,

Ks_v : constante de Stern Volmer.

La concentration d'acrylamide varie de 0.028 M à 0.265 M. La fluorescence mesurée a été corrigée en tenant compte de l'effet de dilution de la solution suite à l'ajout du quencher ainsi de l'effet de l'absorption de ce dernier à 295 nm.

VI. DIFFUSION DYNAMIQUE DE LA LUMIERE (DLS).

VI.1. Principe.

Le principe repose sur la diffusion de la lumière (laser) par les particules des échantillons qui dont soumises à des mouvements thermiques aléatoires. Lorsque la lumière d'un laser incidente atteint les particules, elle est diffusée dans toutes les directions. Ce phénomène est principalement de la diffusion de Rayleigh, diffusion élastique où les particules sont plus petites que la longueur d'onde considérée. On peut mesurer l'intensité de la lumière diffusée par les particules à un angle considéré (en général 90°) au cours du temps.

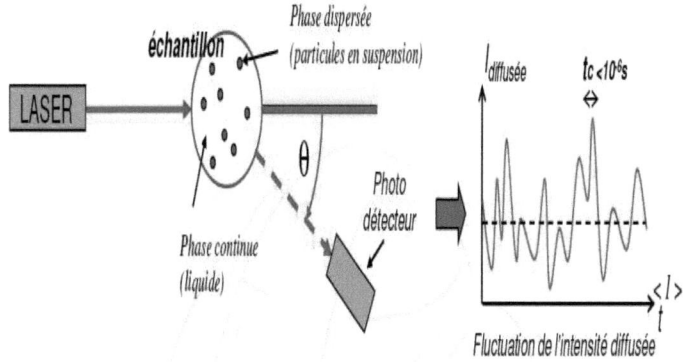

Chaque particule, présente dans l'échantillon, est caractérisée par son rayon hydrodynamique (RH) qui peut être déterminé à partir de la relation Stokes-Einstein selon la relation suivante:

$$RH = K_b.T / 6\pi.\eta.D$$

RH: rayon d'une sphère théorique qui aurait le même coefficient de diffusion que la particule considérée

Kb: constante de Boltzmann

T: température en Kelvin

η: viscosité de la solution

D: coefficient de diffusion

VI.2. Conditions de mesure.

La mesure du rayon hydrodynamique (RH) des différents échantillons du lysozyme a été réalisée à 25°C à l'aide d'un appareil de type DynaPro MS800 (Wyatt) équipé d'un laser 825 nm. Cette machine collecte la lumière diffusée à angle droit. Le temps d'acquisition pour chaque mesure est de 10 secondes pour chaque échantillon, le résultat est moyenné sur une cinquantaine d'acquisition.

Le logiciel de mesure utilisé pour la mesure de RH est DYNAMICS V6.

VII. MICROSCOPIE A FORCE ATOMIQUE.

Le microscope à force atomique (ou AFM pour Atomic Force Microscope) est un dérivé du microscope à effet tunnel (ou STM pour Scanning Tunneling Microscope) qui sert à visualiser la topologie de la surface d'un échantillon. Le principe se base sur les interactions entre l'échantillon et une pointe montée sur un microlevier. La pointe balaie (scanne) la surface à représenter et l'on agit sur sa hauteur selon un paramètre de rétroaction. Un ordinateur enregistre cette hauteur et peut ainsi reconstituer une image de la surface. La différence entre l'AFM et le STM réside dans la mesure prise en compte pour la rétroaction utilisée: le STM utilise le courant tunnel alors que l'AFM utilise la déviation du levier qui est liée aux forces d'interactions entre la pointe et la surface.

VII.1. Principe.

Il existe plusieurs façons de mesurer la déviation du levier. La plus courante est la mesure via la réflexion de la lumière du laser.

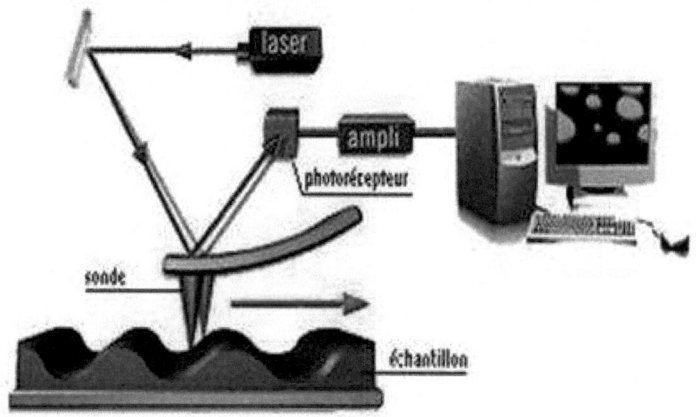

La pointe est alors montée sur un levier réfléchissant le rayon laser. Si le levier s'incline (dans un sens ou dans l'autre), suite aux forces d'interactions entre la pointe et la surface, le rayon laser dévie. La mesure de la déviation de la pointe passe donc par la mesure de la position du faisceau laser réfléchi. Ceci s'effectue au moyen d'un quadrant de photodiodes qui est une photodiode circulaire divisée en quatre parts égales. Quand le faisceau n'est pas dévié, il frappe au centre du quadrant en illuminant d'une façon égale les 4 photodiodes. Par contre si le faisceau laser est dévié vers le haut, les deux photodiodes du haut recevront plus de lumière que celles du bas. Dans ces conditions, il apparaît une différence de tension entre les photodiodes qui est utilisée pour la rétroaction.

VII.2. Conditions expérimentales.

L'étude a été réalisée avec un appareil de type Veeco. Cinq µl de chaque échantillon sont déposés sur une plaque de mica fraîchement clivé. L'échantillon sur cette plaque est incubé pendant 30 min puis elle subit 2 lavages successifs de 50 µl d'eau pour éliminer le matériel non adsorbé et les sels. La plaque de mica est ensuite séchée par de l'azote compressée.

Les mesures en AFM ont été réalisées selon le mode tapping en utilisant un microscope Pico Plus équipé d'un contrôleur de type Nano Scan 5600. Pour imager, on utilise une pointe de type (NSC36/ALBS, µmash) avec Rc<10 nm, longueur entre 110 et 130 µm et une constante de raideur K de 0,6 N/m. la fréquence est entre 200 et 400 KHz.

VII.3 Analyse des images AFM.

L'analyse des images AFM a été réalisée au premier temps par le logiciel Nanoscope 5.30r3sr3 qui a été utilisé pour l'acquisition des images puis par le logiciel WSxM 5.0 Develop 3.1 qui nous a permis de traiter les images acquises.

VIII. SPECTROSCOPIE INFRA-ROUGE A TRANSFORMEE DE FOURIER (IRTF).

La Spectroscopie Infra-rouge à Transformée de Fourier (ou FTIR : Fourier Transformed InfraRed spectroscopy) est basée sur l'absorption d'un rayonnement infrarouge par le matériau analysé. Elle permet via la détection des vibrations caractéristiques des liaisons chimiques, d'effectuer l'analyse des fonctions chimiques présentes dans le matériau. C'est l'une des techniques les plus utilisées pour analyser les structures secondaires des polypeptides et des protéines (Elliot, 1950 ; Krimm and Bandekar, 1986 ; Bayle and Susi, 1986 ; Susi and Byler, 1986 ; Surewicz and Mantsch, 1988 ; Venyaminov and Kalnin, 1990 ; Kalnin et al., 1990 ; Dong et al., 1992).

VIII.1. Principe.

Lorsque l'énergie apportée par le faisceau lumineux est voisine de l'énergie de vibration de la molécule, cette dernière va absorber le rayonnement et on enregistrera une diminution de l'intensité réfléchie ou transmise. Le domaine infrarouge entre 4000 cm^{-1} et 400 cm^{-1} (2.5–25 µm) correspond au domaine d'énergie de vibration des molécules. Toutes les vibrations ne donnent pas lieu à une absorption. Cela dépendra de la géométrie de la molécule et en particulier de sa symétrie. Pour une géométrie donnée, on peut déterminer les modes de vibration actifs en infrarouge grâce à la théorie des groupes. La position de ces bandes d'absorption va dépendre en particulier de la différence d'électronégativité des atomes et de leur masse. Par conséquent, à un matériau de composition chimique et de structure donnée va correspondre à un ensemble de bandes d'absorption caractéristiques permettant d'identifier le matériau.

VIII.2. Conditions expérimentales.

Les spectres FTIR du lysozyme dans une solution aqueuse sont déterminés en utilisant un spectromètre FTIR (modèle Nicolet) équipé avec un accessoire horizontal de type ZnS ATR. Les spectres sont obtenus avec une résolution de 2 cm^{-1} après une répétition de 200 scans. Le spectre du solvant est aussi obtenu dans les mêmes conditions. La mesure est répétée 3 fois sur chaque échantillon pour assurer la reproductibilité et une moyenne déduite de ces spectres représentera le spectre infrarouge pour chaque échantillon. Chaque spectre, correspondant à un échantillon, est obtenu après soustraction du spectre du solvant.

VIII.3. Analyse des spectres.

Les spectres IR des polymères de haut poids moléculaire est très souvent interprété en termes de vibrations des unités structurales répétitives (Elliot, 1950; Krimm and Bandekar; Liang et al., 1956). Les unités répétitives des protéines donnent lieu à 9 bandes d'absorption caractéristique de l'IR dites amide A, B et I-VII. Les bandes amide I et amide II sont les 2 principales bandes caractéristiques des structures secondaires des protéines (Krimm and Bandekar, 1986; Surewicz and Mantsch, 1988). La région la plus importante pour l'analyse des structures secondaires d'une protéine est celle correspondant à la bande amide I (1700-1600 cm^{-1}). Cette région est caractérisée par les vibrations des liaisons C=O (approximativement 80%) (Krimm and Bandekar, 1986).

Les fréquences des pics de la bande amide I, associées aux différentes structures secondaires des protéines dans H_2O (Chou and Fasman, 1977; Holloway and Mantsch, 1989;

Kalnin et al., 1990; Kalnin et al., 1990; Venyaminov and Kalnin, 1990; Goormaghtigh et al., 1994; Mantsch and Chapman, 1996 ; Pelton and McLean, 2000), sont reportées dans le tableau suivant.

Structure secondaire	Intervalle des fréquences (cm^{-1})	Fréquence moyenne (cm^{-1})
Hélice alpha	1648-1660	1654
Feuillet bêta	1612-1626	1625
	1626-1640	1633
	1670-1694	1682
Coudes	1662-1684	1673
Random coil	1640-1650	1645

Pour déterminer les structures secondaires d'une solution, on utilise le logiciel OMNIC pour faire d'abord le lissage de l'enveloppe du spectre obtenu, puis on calcule son spectre de dérivée seconde qui nous permet de déterminer le nombre (**n**) et les fréquences (**v**) des différentes composantes du spectre. Ces paramètres sont ensuite utilisés dans un calcul itératif pour déterminer l'intensité et la largeur à demi-hauteur de chaque composante de telle façon que le spectre calculé s'ajuste avec le spectre obtenu. Le pourcentage de chaque structure secondaire est calculé selon la relation suivante :

% composante (**i**) = 100*aire de la composante (**i**) / aire de toutes les composantes

Introduction

Matériels et Méthodes

Résultats

Discussion et perspectives

Références bibliographiques

-I- LYSOZYME COMME MODELE DE PROTEINES AMYLOÏDES

Différentes études ont montré que de nombreuses protéines ont la capacité de former des amyloïdes in vivo et in vitro (Nguyen et al., 1995; Lee et al., 2001; Bennett 2005; Goedert and Spillantini 2006;). Bien que ces protéines diffèrent par leurs structures primaires et tertiaires ainsi que par leurs fonctions, les fibrilles qu'elles forment possèdent toutes des propriétés morphologiques et biochimiques communes (Cooper, 1974, Chamberlain et al., 2000; Serpell et al., 2000). D'autre part, il a été démontré que l'agrégation des protéines est un phénomène général qui touche non seulement les protéines amyloïdes liées aux maladies dégénératives mais aussi tout autre type de protéines capables de former des fibrilles in vitro dans certaines conditions (Chiti et al., 1999 ; Fanddrcch et al., 2001; Bucciantini et al., 2002).

En se basant sur les observations mentionnées précédemment, nous avons choisi, dans ce présent travail, le lysozyme du blanc d'œuf de poulet comme modèle d'étude du processus d'agrégation de protéines amyloïdes. Les lysozymes sont des protéines constituées d'une seule chaîne polypeptidique de 127-130 résidus (PM ~ 15 kDa).

I.1 Fonction du lysozyme.

Le lysozyme, ou 1,4-β-N-acetylmuramidases, est un enzyme appartenant à la famille de protéines globulaires. Cet enzyme, largement distribué dans les tissus d'espèces animales et végétales, possède une activité bactéricide. Il est capable d'hydrolyser les mucopolysaccharides de la paroi cellulaire des bactéries Gram$^+$ en les clivant au niveau de la liaison glycosurique entre l'acide N-acetylmuramic (NAM) et le N-acetylglucosamine (NAG)) des peptidoglycanes.

I.2. Structure et caractéristiques.

La séquence primaire du lysozyme, dans différentes espèces, présente une très grande homologie (Frare et al., 2004). En particulier, on observe la conservation de quatre ponts disulfure entre les positions 6-127, 30-115, 64-80 et 76-94. Cette conservation est essentielle dans la stabilité de la conformation de la protéine impliquée dans sa fonction biologique. La comparaison de la séquence primaire du lysozyme humain avec celle du blanc d'œuf de poulet (Figure 18) montre une similarité de 62% et une homologie de 74% (Frare et al., 2004).

L'analyse de la structure secondaire du lysozyme, dans de nombreuses sources différentes (Radford et al., 1992), révèle un taux élevé de structures hélicoïdales avec six hélices α dont deux de type 3$_{10}$ et une région plus petite adoptant des structures en feuillets β antiparallèles (Figure 19A). Par ailleurs, le lysozyme du blanc d'œuf de poulet contient 9 résidus aromatiques dont 6 Trp qui sont répartis à différentes positions de la protéine (figure 19B).

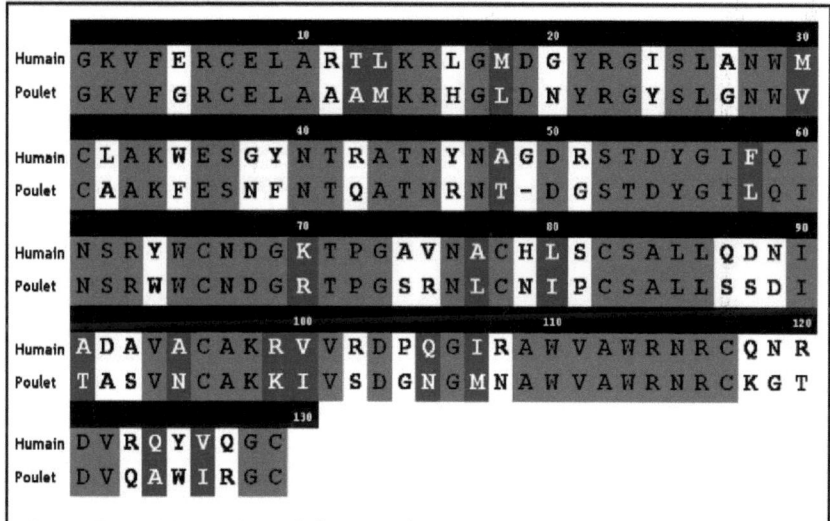

Figure 18: Séquence primaire du lysozyme humain et blanc d'œuf de poulet. Les acides aminés homologues sont en bleu et les résidus similaires sont en rouge.

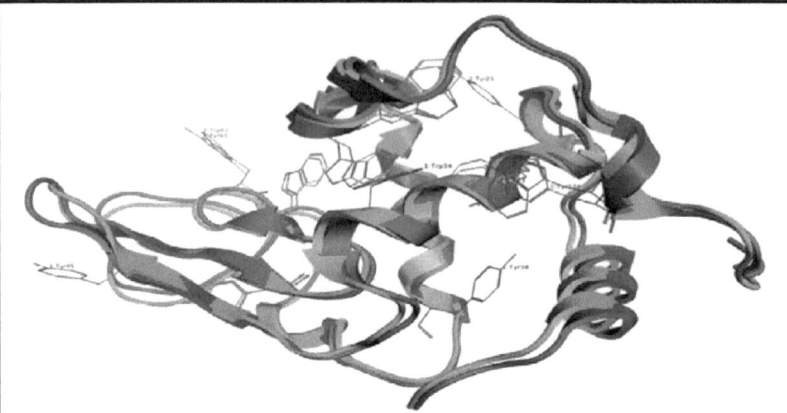

Figure 19A: Comparaison des structures tertiaire du lysozyme Humain (rouge) et blanc d'œuf de poulet (bleu)

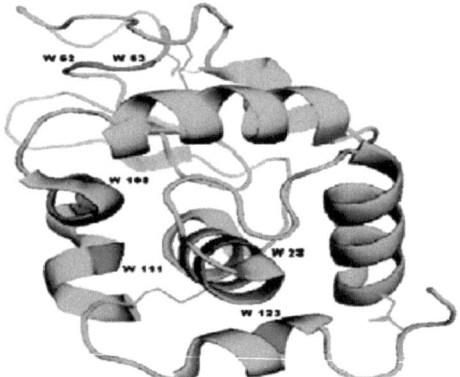

Figure 19B: Positions des tryptophanes dans le lysozyme du blanc d'œuf de poulet

I.3. Pathologies associées aux lysozymes.

Des dépôts de lysozyme humaine, observés dans différents organes comme le foie, la rate et le rein (Fleming, 1922; Pepys et al., 1993), sont la cause principale du dysfonctionnement de ces organes et du syndrome résultant d'amylose systémique non neuropathique familiale (Pepys et al., 1993; Booth et al., 1997). En effet, en 1993, deux variantes de lysozyme humaine, ayant une seule mutation ($I^{56}T$ et $D^{67}H$) (Pepys et al., 1993) ont été observés suite à un dépôt anormal d'agrégats de ces variantes dans différents organes (Fleming, 1922; Pepys et al., 1993). D'autres études ont révélé, chez des individus souffrant d'amyloses rénales familiales, d'autres variantes de lysozymes humains ayant une seule mutation ($F^{57}I$, $W^{64}R$) ou une double mutation ($F^{57}I/T^{70}N$, $T^{70}N/W^{112}R$) et qui ont la capacité de former des fibrilles amyloïdes (Yazaki et al., 2003; Röcken et al., 2006).

Le mécanisme de repliement du lysozyme humain a été abondamment étudié (Hooke et al, 1995; Takano et al, 2001; Canet et al, 2002). Plusieurs études ont montré que toutes ces variantes du lysozyme humain ont une plus grande aptitude, par rapport au lysozyme de type sauvage, à former des espèces intermédiaires partiellement dépliées qui sont à l'origine de l'initiation de l'agrégation et de la formation des fibrilles (Booth et al., 1997; Dumoulin et al., 2005; Frare et al., 2009). Sur la figure 20 est représenté le schéma général proposé pour la formation des fibres de ces protéines.

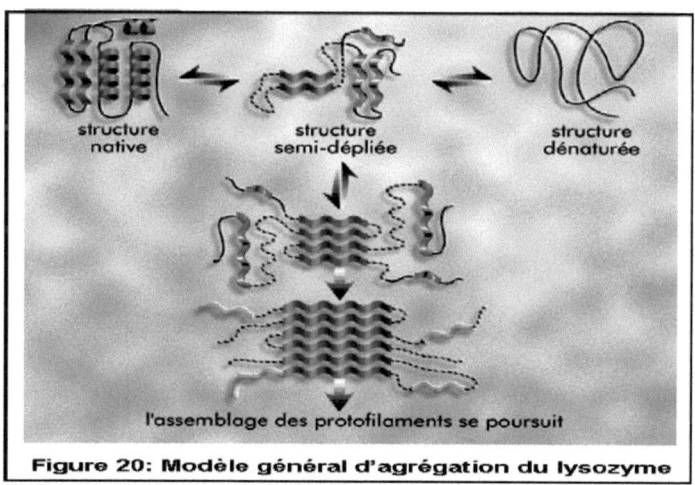

Figure 20: Modèle général d'agrégation du lysozyme

Le lysozyme humain de type sauvage peut former, in vitro, des fibrilles semblables à ceux formés par les variantes pathologiques quand on l'incube à faible pH et à haute température (Morozova-Roche et al., 2000) ou après application de hautes pressions hydrostatiques (De Felice et al., 2004). Par ailleurs, il a été démontré que le lysozyme du poulet est capable de former des fibrilles in vitro (dans les mêmes conditions expérimentales) semblables à ceux obtenues pour le lysozyme humain (Frare et al., 2004; Krebs et al., 2004).

-II- CINETIQUE D'AGREGATION DU LYSOZYME.

Pour caractériser le mécanisme d'agrégation du lysozyme de poulet, nous avons utilisé plusieurs méthodes telles que la fluorescence de fluorophores extrinsèques (ThT) et intrinsèques (tryptophane et tyrosine), la diffusion dynamique de la lumière (DLS), la spectroscopie infra rouge (FTIR) et la microscopie à force atomique (AFM).

II.1. Etude du processus d'agrégation par fluorescence de la ThT.

Plusieurs études ont démontré que le lysozyme de blanc d'œuf de poulet est capable de former des fibrilles à des pH acides et à des températures élevées (Arnaudov and Vries, 2005; Wang et al., 2009). Dans nos expériences, nous avons étudié l'agrégation du lysozyme (1,40 mM) dans un tampon acide (pH 2), une température de 57°C et une agitation de 700 rpm. Les spectres de fluorescence de ThT, obtenus en excitant la solution à une longueur d'onde de 440 nm, sont indiqués dans la figure 21A. On observe que l'intensité de fluorescence ThT augmente au cours du temps. Cette observation, indiquant qu'il y a oligomérisation du lysozyme en fonction du temps, est en accord avec les données obtenues par d'autres groupes (Nguyen et al., 1995 ; Lee et al., 2001; Bennett 2005; Goedert and Spillantini 2006).

La figure 21B représente la variation de l'aire des spectres de fluorescence ThT (voir matériels et méthodes) en fonction du temps. Il est à noter que cette méthode donne des résultats plus fiables que ceux obtenus en utilisant uniquement l'intensité du maximum d'émission (I_{em}) des spectres de ThT.

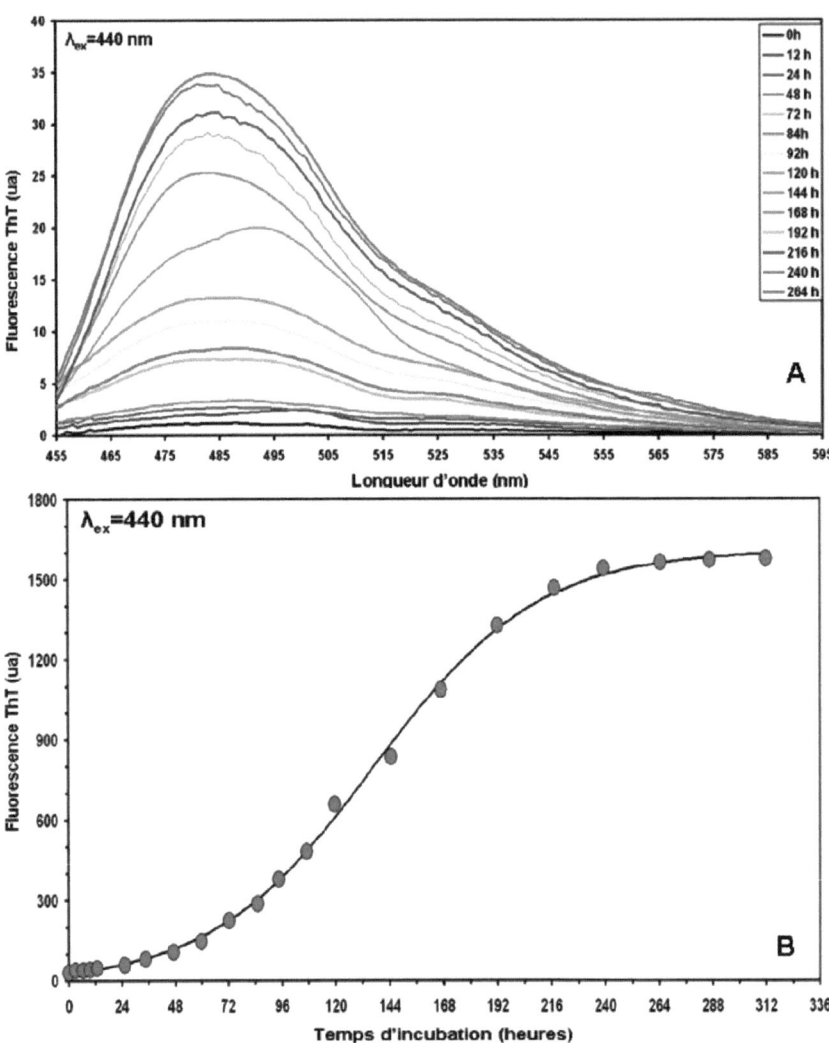

Figure 21: Spectres (A) et variation (B) de fluorescence ThT en fonction du temps d'incubation du Lysozyme de blanc d'œuf de poulet. Le lysozyme (1.4 mM), dissous dans un tampon acide (pH 2), a été incubé à une température de 57°C et sous une agitation de 700 rpm. Chaque point représente la moyenne de 3 mesures indépendantes

La figure 21B montre que la cinétique d'agrégation du lysozyme est décrite par une courbe sigmoïdale définie par 3 phases. La première phase (dite temps de latence) correspond à la période durant laquelle il y a formation de petits oligomères appelés «nucléus» ou noyau. Durant cette phase, la fluorescence ThT change faiblement à cause du faible taux de formation de ces noyaux. La deuxième phase (dite phase de croissance ou d'élongation) est marquée par l'augmentation rapide de la fluorescence de la thioflavine due à l'augmentation progressive du taux d'oligomères. Cette augmentation du signal de fluorescence atteint un maximum de fluorescence à 240 heures suite à la consommation totale de la protéine non polymérisée. Cette phase, marquée par un plateau, reste inchangé et reflète le maximum de polymérisation. La cinétique d'agrégation du lysozyme est caractérisée par un temps de latence de 67 heures et une constante apparente de croissance (k_{app}) de 0,028 (unité arbitraire de fluorescence/heure).

II.2. Caractérisation de la taille des agrégats par DLS

Nous avons eu recours également à la diffusion dynamique de la lumière (DLS) pour suivre la variation de la taille et la distribution des oligomères via la variation de leur rayon de giration (Rg). L'intensité de la lumière est sensible à la présence de particules volumineuses comme les agrégats de protéines. La figure 22 représente les diagrammes DLS du lysozyme à certains temps de sa cinétique d'agrégation.

A l'état initial (temps=0h, sans agitation), la solution du lysozyme est caractérisée par la présence d'un seul pic ayant un rayon de giration moyen de 1,4 nm. Ce résultat est en accord avec les données obtenues par d'autres groupes (Shanon et al., 2009). A 24h, le rayon de giration de ce pic reste inchangé. Entre 48h et 96h, on observe une légère augmentation du rayon de giration (presque 10 fois) qui atteint la valeur de 13 nm. Par ailleurs, on observe à 96h l'apparition d'un 2ème pic minoritaire ayant un rayon de giration 130 nm qui marque le début de la phase d'élongation.

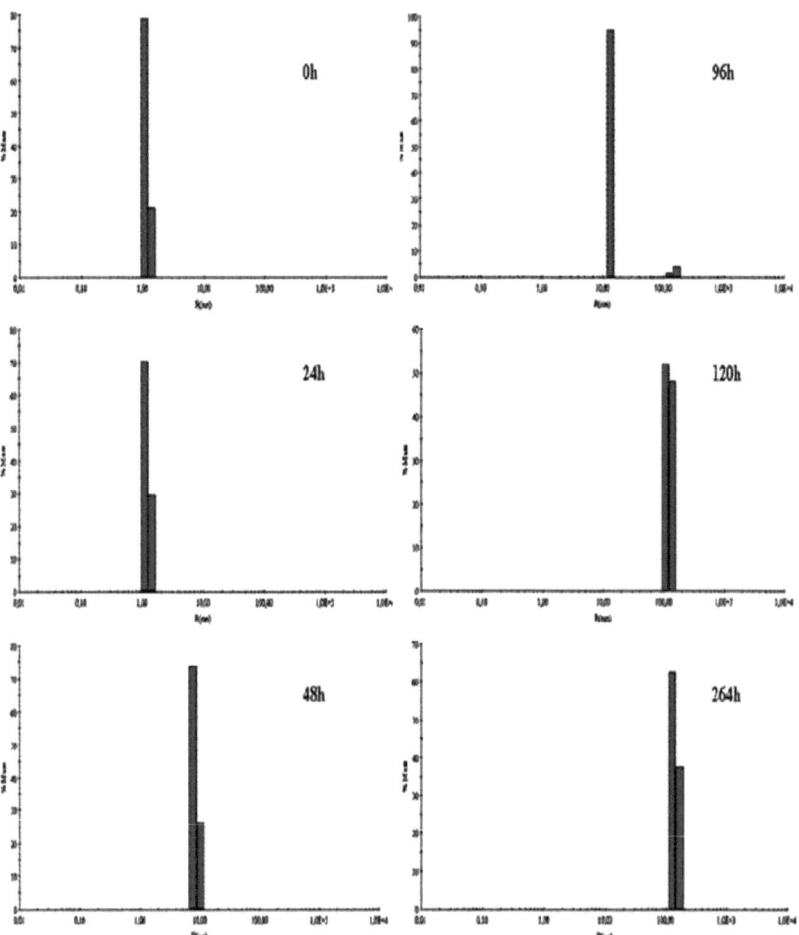

Figure 22 : Diagrammes DLS de l'agrégation du lysozyme en fonctions du temps. Le lysozyme (1.4 mM), dissous dans un tampon acide (pH 2), a été incubé à une température de 57°C et sous une agitation de 700 rpm. Chaque point représente la moyenne de 3 mesures indépendantes

L'apparition de ce pic est suivie, à 120h, par la disparition du 1er pic (correspondant aux petits rayons de girations) observé durant la 1ère phase. Puis, la taille des oligomères augmente durant les temps suivants pour atteindre à 264h une valeur maximale de 144 nm.

De plus, les espèces, présentes en solution, sont caractérisées par une polydispersité moyenne de 13% même durant les faibles temps du processus d'agrégation (temps de latence). Cette hétérogénéité est indicative de l'existence de plusieurs conformères de la protéine qui sont à l'origine de la formation des noyaux nécessaires au démarrage du processus d'agrégation. Cette polydispersité, aux faibles temps, est une des explications du polymorphisme d'agrégation du lysozyme.

Dans la figure 23 sont représentées les valeurs du rayon de giration des espèces majoritaires en fonction du temps. Ces résultats montrent que la cinétique d'agrégation du lysozyme est décrite par une courbe sigmoïdale comme dans le cas de l'étude par la fluorescence de la ThT. Une phase de latence au cours de laquelle la variation du rayon de giration est faible, une phase de croissance qui se déclenche à partir de 67h heures et qui est caractérisée par une augmentation rapide de la taille des particules et enfin un plateau marqué par la stabilisation de la taille des agrégats.

II.3. Caractérisation de la morphologie des agrégats par AFM.

Cette méthode permet d'analyser la morphologie des espèces formées durant la cinétique d'oligomérisation du lysozyme. Les résultats, obtenus à 0h et 220h, sont indiqués dans la figure 24. A l'état initial (0h), la figure 24B montre l'existence de points blancs qui n'existent pas sur le mica (Figure 24A) sur lequel on n'a déposé que du tampon. Ces points, qu'on n'arrive pas à bien visualiser, correspondent au lysozyme monomérique. Par contre, la figure 24C montre la présence de fibrilles dont la morphologie est semblable à celle obtenue pour le peptide Aβ (Wood et al., 1996) et la protéine α-synucléine (Spillantini et al., 1998).

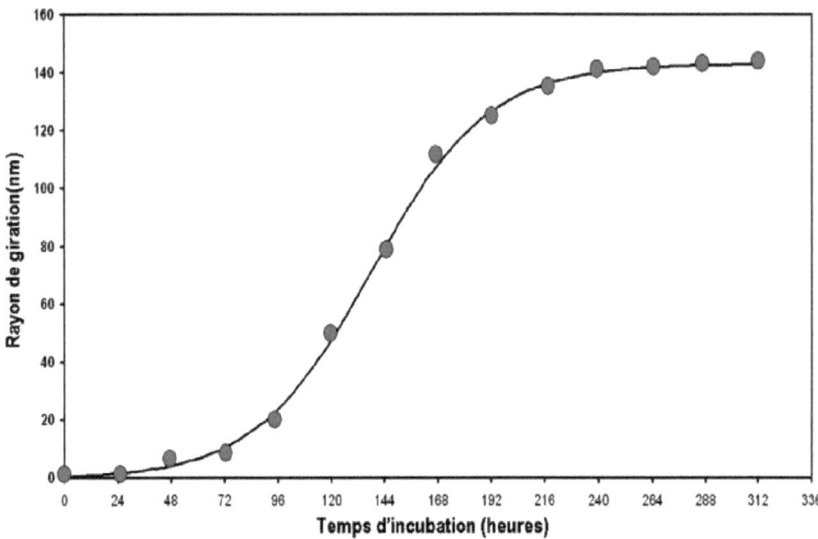

Figure 23 : rayon de giration (RH) des oligomères du lysozyme en fonctions du temps. Le lysozyme (1.4 mM), dissous dans un tampon acide (pH 2), a été incubé à une température de 57°C et sous une agitation de 700 rpm. Chaque point représente la moyenne de 3 mesures indépendantes

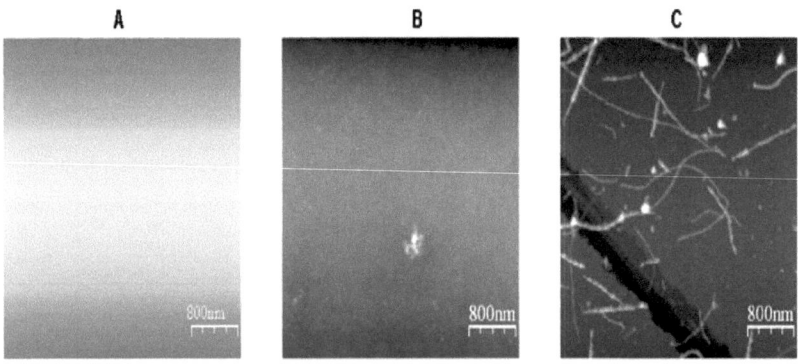

Figure 24 : Images AFM du lysozyme d'œuf de poulet incubé à pH 2 et à 58°C.
(A) : mica+ tampon, (B): 0h, (**C**): 220h

L'analyse détaillée de cette image révèle l'existence de 3 espèces de fibrilles: les fibrilles de petite taille (28% des espèces, 70 nm < longueur < 200 nm), les fibrilles de taille moyenne

(39% des espèces, 200 nm ≤ longueur ≤ 500 nm) et les fibrilles de grande taille (27% des espèces, longueur > 500 nm). Cette hétérogénéité d'espèces oligomériques à 220h est en accord avec les données obtenues par DLS.

II.4. Etude du processus d'agrégation par la fluorescence intrinsèque

Il a été démontré que la fluorescence intrinsèque des acides aminés tryptophane (Trp), tyrosine (Tyr) est l'une des techniques adéquates pour analyser le repliement et l'agrégation des protéines (Cowgill, 1976; Ros et al., 1992; Lakowicz, 1999). Ces résidus aromatiques ont un rendement quantique plus élevé que celui de la phénylalanine (Semisotonov et al., 1991; Stasio et al., 2004). Le lysozyme du blanc d'œuf contient 9 résidus aromatiques dont 6 Trp répartis à différentes positions de la protéine (Figure 19B). Par ailleurs, il a été démontré que le Trp, en position 62, est responsable de la majorité de la fluorescence du lysozyme à pH acide (Imoto et al., 1972 ; Formoso et al., 1974).

Les spectres de fluorescence des Trp du lysozyme, à différents temps d'incubation, sont indiqués dans la figure 25A. A l'état initial (t=0h), la longueur d'onde de l'intensité maximale du spectre de fluorescence (λem) du lysozyme se situe autour de 337nm. Elle varie peu durant le processus d'agrégation du lysozyme ($\lambda em \approx 340$ nm à 220h). Généralement, le λem d'émission des résidus Trp dans les protéines varie entre 355 nm (résidus situés à la surface des protéines) et 320 nm (résidus enfouis dans les protéines) (Lakowicz, 1983). Par conséquent, les résidus Trp du lysozyme, modérément enfouis dans la forme monomérique du lysozyme, le restent durant son processus d'agrégation.

La figure 25B montre que la variation de l'aire des spectres de fluorescence des Trp [$100 \times F(t)/F0$] (F0 représente l'aire du spectre de fluorescence à l'état initial et F l'aire du spectre de fluorescence à différents temps t) diminue en fonction du temps d'incubation.

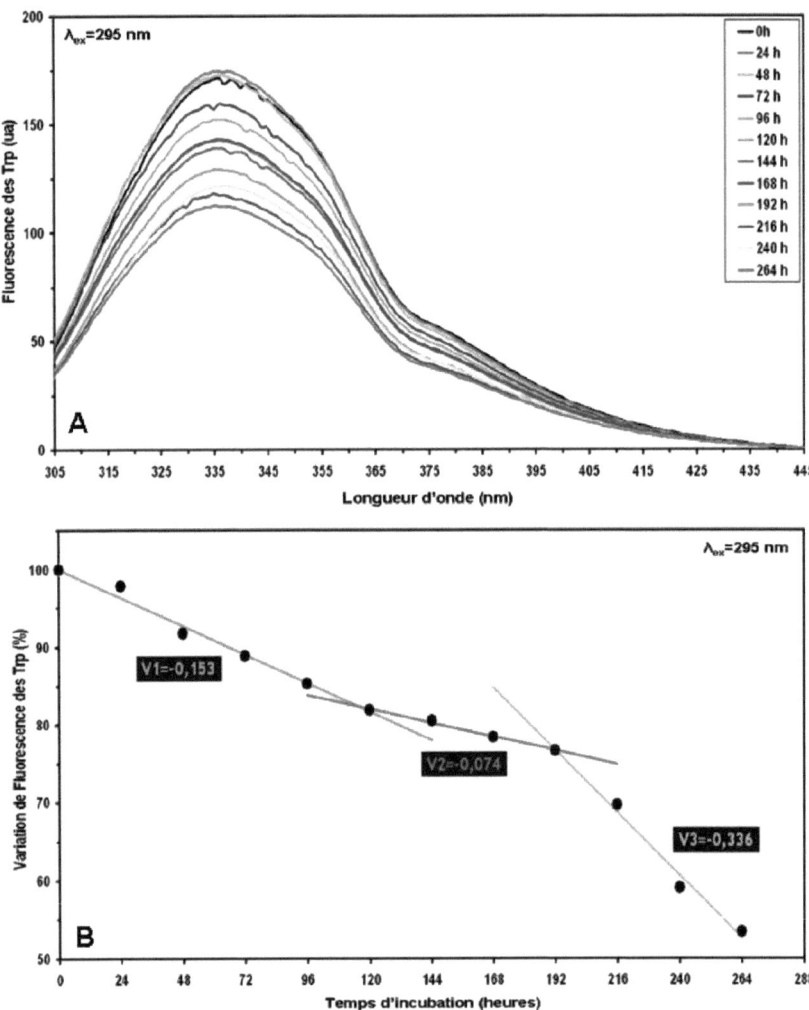

Figure 25: Spectres (A) et variation (B) de fluorescence des Trp en fonction du temps d'incubation du Lysozyme. Le lysozyme (1.4 mM), dissous dans un tampon acide (pH 2), a été incubé à une température de 57°C et sous une agitation de 700 rpm. Chaque point représente la moyenne de 3 mesures indépendantes

Ce résultat indique que l'agrégation du lysozyme altère la polarité de l'environnement des résidus Trp et de leurs interactions avec le solvant et/ou l'environnement protéique (Hayashi and Nakamura, 1981). Par ailleurs, la figure 25B indique que la variation de la fluorescence des Trp du lysozyme n'est pas monotone mais est caractérisée par 3 phases qui correspondent à celles observées par la fluorescence de ThT (figure 20) et la DLS (Figure 23). La 1ère phase (temps de latence) est caractérisée par une pente prononcée (V1=-0,153 ua/heure). Cette valeur indique que la protéine a subi de substantiels changements conformationels pour former les intermédiaires protéiques. La 2ème phase (phase exponentielle) est caractérisée par une pente plus faible (V2=-0,074 ua/heure) Cette faible variation de la fluorescence des Trp reflète l'augmentation du taux d'oligomères. La 3ème phase (phase stationnaire) est caractérisée par la plus grande pente (V3=-0,336 ua/heure). Ce résultat, qui montre que l'environnement immédiat des résidus Trp a été fortement perturbé, suggère l'existence de plusieurs types de fibrilles en accord avec les données obtenues par AFM (Figure 24C).

Ces résultats montrent que l'altération de l'intensité de la fluorescence des résidus Trp est due à des perturbations de leurs environnements locaux. Ces observations démontrent que le lysozyme a subi des changements structuraux importants et différents durant son processus d'agrégation

II.5. Quenching de la fluorescence des tryptophanes par l'acrylamide

Pour mieux caractériser les perturbations subies par les environnements immédiats des résidus Trp durant l'agrégation du lysozyme, nous avons analysé le "quenching" de leur fluorescence par l'acrylamide (Etfink and Ghiron, 1981).

La variation de la fluorescence des résidus Trp du lysozyme, en fonction de la concentration de l'acrylamide, est représentée dans la figure 26A selon l'équation de Stern-Volmer (Etfink and Ghiron, 1981).

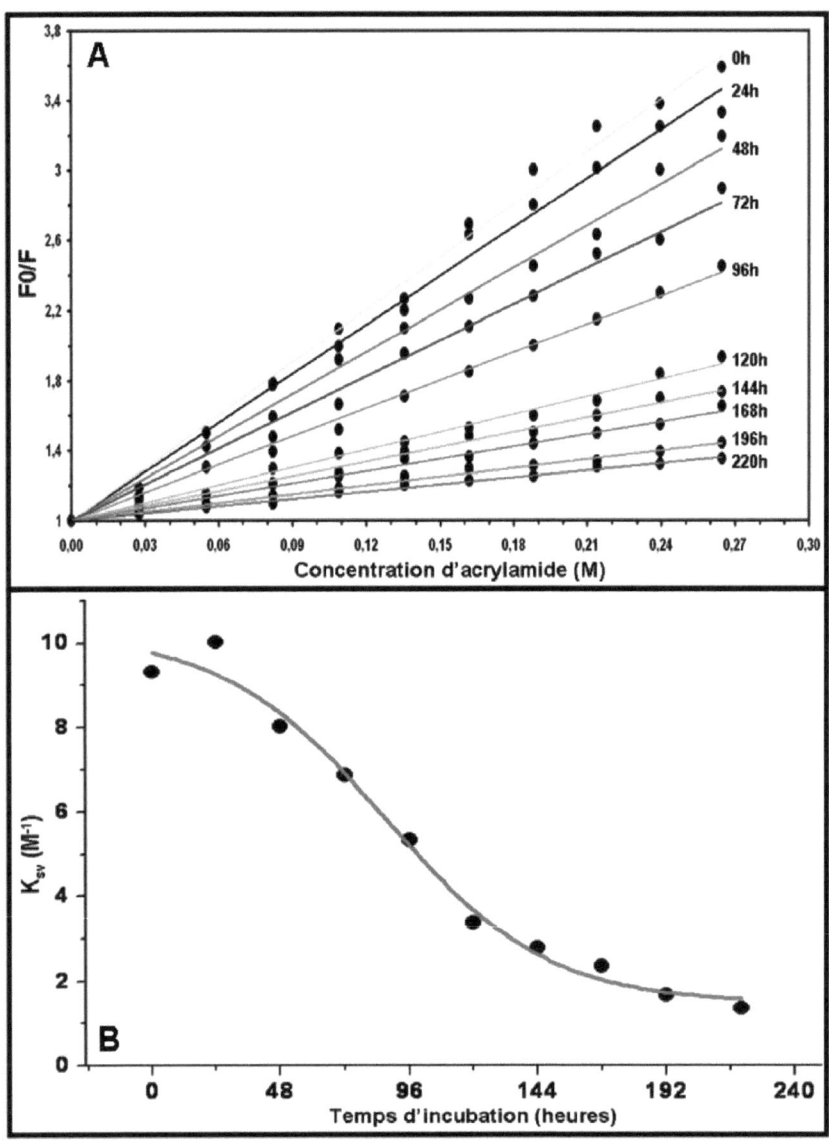

Figure 26 : Quenching de fluorescence des Trp du lysozyme par l'acrylamide.
(A): représentation selon l'équation de Stren-Volmer.
(B): variation de la constante Ksv en fonction du temps d'incubation.

Les données de cette figure montrent que la valeur de la pente des droites (K_{sv}: constante de Stern-Volmer) varie entre 10,0 M^{-1} (état monomérique du lysozyme) et 1,4 M^{-1} (états oligomériques et fibrillaires du lysozyme). Puisque la constante de Stern-Volmer donne une indication sur l'accessibilité d'un fluorophore à un quencheur (Etfink and Ghiron, 1981), on peut déduire que les résidus Trp du lysozyme sont moins accessibles à l'acrylamide dans l'état oligomérique de la protéine que dans son état monomérique. De plus, la valeur du K_{sv} donne aussi une indication sur la nature des environnements immédiats des fluorophores au sein de la protéine (Etfink and Ghiron, 1981). Ainsi, les fluorophores, situés à la surface des protéines ou dans un environnement polaire à l'intérieur des protéines, sont caractérisés par des valeurs élevées du Ksv (Etfink and Ghiron, 1981). Puisque nous avons montré précédemment que le λem des résidus Trp du lysozyme varie peu durant son processus d'agrégation (Figure 25A), les études du quenching par l'acrylamide démontrent que l'environnement immédiat des Trp, modérément polaire à l'état initial, devient de plus en plus apolaire durant les différentes phases de l'agrégation de la protéine.

La variation de la constante de Stern-Volmer en fonction du temps (figure 26B) est décrite par une courbe sigmoïdale comme dans le cas des études par la fluorescence de ThT (Figure 21B) et par DLS (Figure 23). Ainsi, le K_{sv} est élevé pendant la phase de latence (8-10 M^{-1}) puis décroît fortement, durant la phase de croissance, pour atteindre une valeur de $2M^{-1}$ à 144h. Durant la phase stationnaire, le K_{sv} varie faiblement et sa valeur se situe autour de 1,5 M^{-1} à 220h. Ces résultats démontrent que la protéine a subi des changements structuraux différents qui sont importants selon les phases du processus d'agrégation de la protéine.

II.6. Analyse de la structure secondaire des agrégats par Infra-rouge

Les changements structuraux, subit par le lysozyme durant son processus d'agrégation, ont été analysés par spectroscopie Infra rouge (FTIR). Les spectres, obtenus à différents temps, sont représentés dans les figures 27-29.

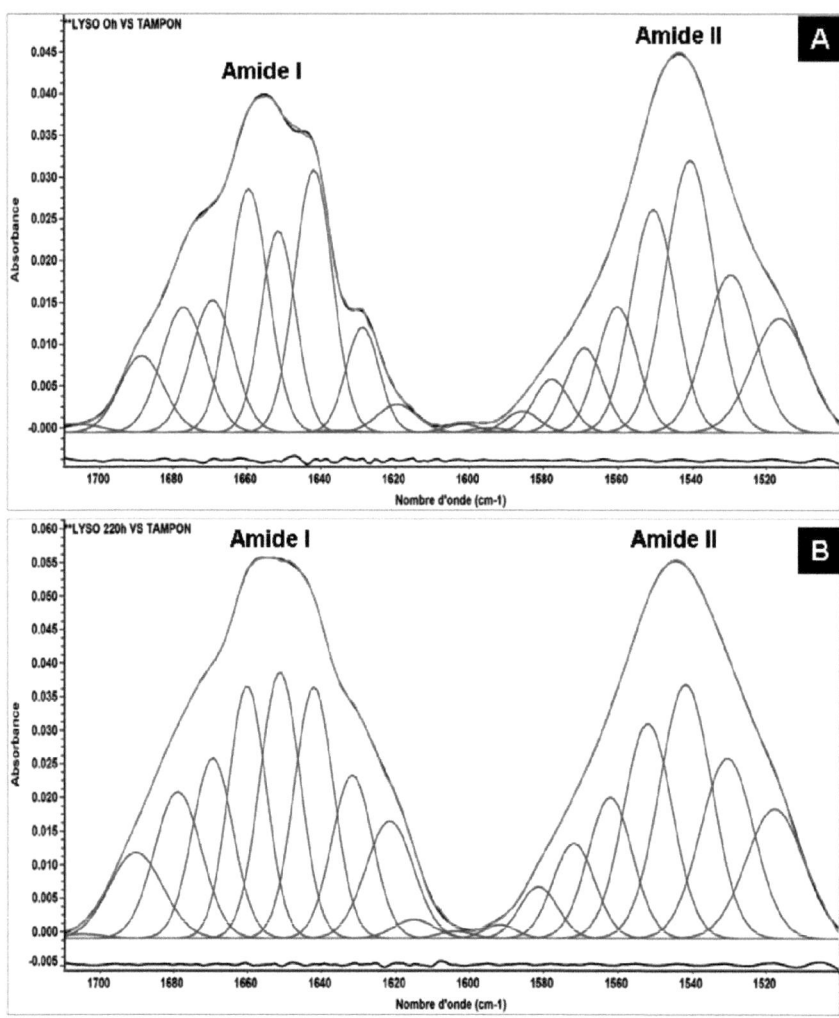

Figure 27. Spectres d'absorption infrarouge de l'état initial (A) et fibrillaire (B) du lysozyme.
Rouge: spectre expérimental; Vert: composantes du spectre, **Noir**: spectre calculé et résiduel

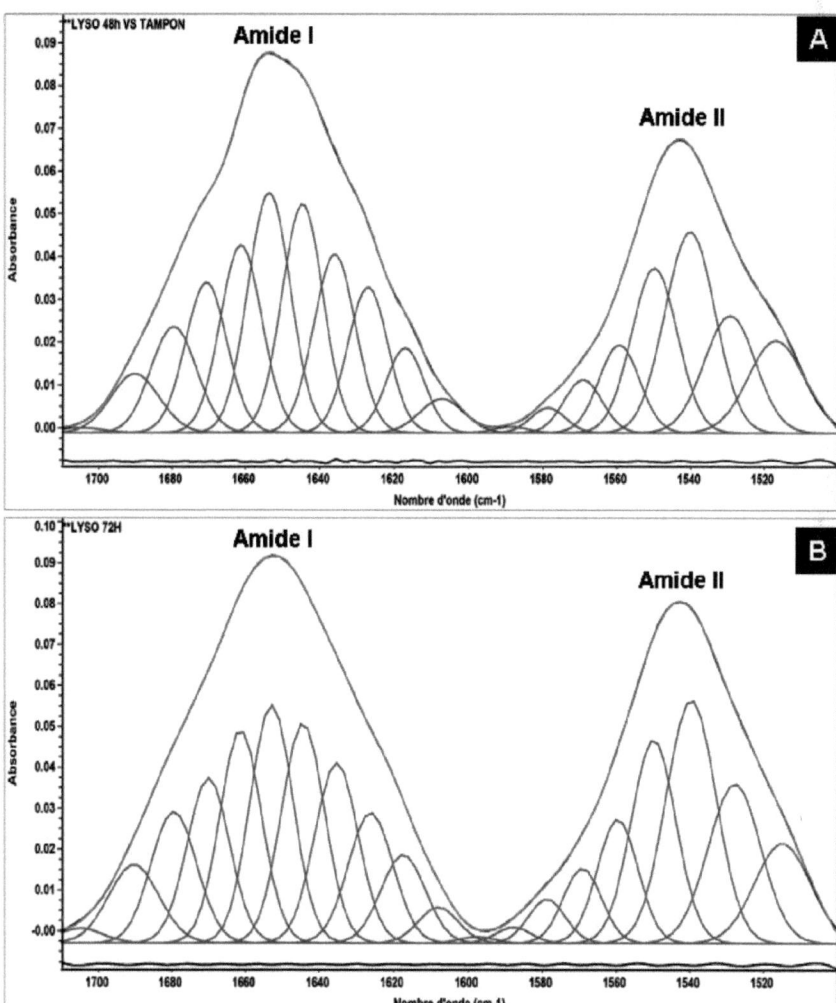

Figure 28. Spectres d'absorption infrarouge du lysozyme durant la phase de latence (A:48h et B:72h).
Rouge: spectre expérimental; Vert: composantes du spectre, Noir: spectre calculé et résiduel

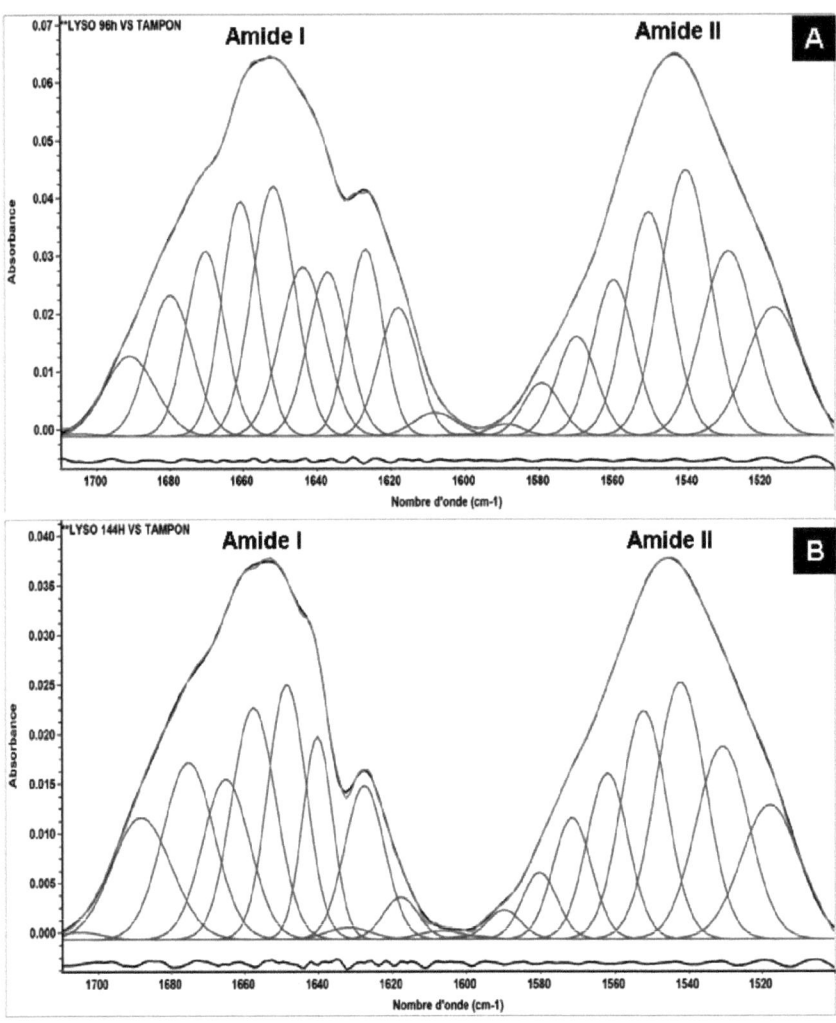

Figure 29. Spectres d'absorption infrarouge du lysozyme durant la phase d'élongation (A:96h et B:144h).
Rouge: spectre expérimental; Vert: composantes du spectre, **Noir:** spectre calculé et résiduel

La bande d'absorption amide I (1700-1600 cm^{-1}) de chaque spectre FTIR a été décomposée en plusieurs bandes d'absorption (voir tableau Matériel et Méthodes) qui sont associée chacune à une structure secondaire bien spécifique (Goormaghtigh et al., 1994 ; Mantsch and Chapman, 1996 ; Pelton and McLean, 2000). Le tableau 1 représente le pourcentage de chaque structure secondaire déterminée à chaque temps d'incubation de la protéine.

Tableau 4. Pourcentages des structures secondaires du lysozyme à différents états de son agrégation

Temps d'incubation (heures)	Hélice α	Feuillet β	«random coil»	Coudes
0	49,49	28,64		21,84
1	48,72	37,50		13,78
3	33,44	49,32		17,24
6	39,73	44,83		15,44
9	32,75	53,57		13,68
48	20,41	50,05	15,30	14,24
72	28,51	30,00	23,30	18,37
96	39,19	47,76		13,12
120	39,87	60,13		
144	23,70	56,92		19,38
220	18,38	71,34		10,38

On observe que le spectre FTIR du lysozyme monomérique, à pH 2, se décompose en une bande associée aux hélices α (située entre 1649 et 1660 cm^{-1}), 3 bandes caractéristiques des feuillets β (localisées entre 1612 et 1620 cm^{-1}, 1621 et 1641 cm^{-1}, 1671 et 1679 cm^{-1}) et une autre bande correspondant aux structures coudes (absorbant à 1673 cm^{-1}). L'analyse des aires des bandes de ces structures montre que le lysozyme monomérique est composé de 49,49% d'hélices α, 28,64% de feuillet β et 21,84% de structures en coude. Ces données, indiquant que le lysozyme est une protéine très hélicoïdale, est en accord avec celles obtenues, par la même technique, pour l'agrégation du lysozyme humain (Frare et al., 2009). Quand le temps d'incubation de la protéine augmente, nos données montrent que le taux de la structure en hélice α diminue pour atteindre une valeur de 18,38% à 220 heures. Cette diminution est accompagnée par une augmentation des feuillets β dont le pourcentage passe de 28,64% (0 heure) à 71,34% à 220 heures. Ces résultats montrent que la protéine, sous forme de fibres, est riche en feuillets β (Frare et al., 2004).

Si cette observation corrobore l'hypothèse de fibres amyloïdes caractérisées par leur structuration en feuillets β croisés (Blake and Serpell, 1996 ; Frare et al., 2004), il est à noter que la variation des deux types de structures secondaires n'est pas uniforme (Tableau 1). En effet, le % de l'hélice α diminue jusqu'à 48h avec apparition de la structure «random coil» (15,3%), augmente ensuite jusqu' à 120h, puis diminue. Le % des feuillets β, à 72h, est similaire à celui de 0h avec apparition d'une structure «random coil» (23,3%).

-III- INHIBITION DE LA CINETIQUE D'AGREGATION DU LYSOZYME.

Les dépôts amyloïdes de peptides et protéines, à l'origine de plusieurs pathologies, sont le résultat de leur agrégation. Par conséquent, inhiber ou réduire le processus d'agrégation de ces protéines est une des stratégies adoptées. Plusieurs études ont montré que la réduction de l'agrégation des protéines amyloïdes a un effet bénéfique sur des cellules ou des modèles animaux (Khlistunova et al., 2006; Roberson et al., 2007). Ainsi, le pouvoir antiagrégant d'une multitude de substances incluant les anticorps (Salomon et al., 1997), les peptides synthétiques (Findeis et al., 1999), les chaperonnes (Putacha et al., 2010) et les substances naturelles (Taniguchi et al., 2005; Gazova et al., 2008) ou synthétiques (LeVine H, 2007) a été révélé. En particulier, plusieurs petites molécules ont montré leurs capacités à inhiber ou réduire l'agrégation de nombreuses protéines telles que le peptide béta-amyloïde ou les protéines lysozyme et transthyrétine (DeFelice et al., 2001; Vieira et al., 2006; Raghu et al., 2002). Pour cela, nous avons étudié in vitro l'effet de certains composés naturels (Nicotine, Dopamine, Resvératrol, Tyrosol et Rutine) (Figure 30) sur le processus d'agrégation du lysozyme par les techniques utilisées précédemment.

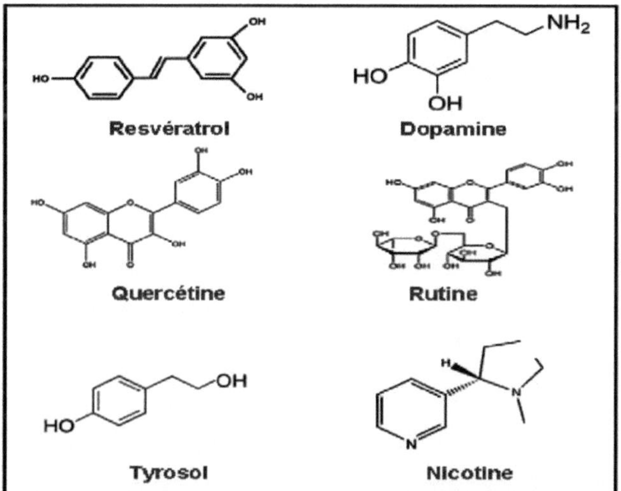

Figure 30. Structure des composés naturels testés

III.1. Etude par fluorescence de la ThT

Nous avons étudié l'effet de ces produits sur le processus d'agrégation en évaluant leurs effets sur les caractéristiques du processus d'agrégation (temps de latence, vitesse de croissance et maximum de polymérisation). L'activité inhibitrice, comme le montre la figure 31, est exprimée par le rapport de l'inhibition du maximum de polymérisation (x) sur le maximum de polymérisation sans inhibiteur (y). Plus le rapport x/y sera élevé, plus le composé aura une activité inhibitrice importante.

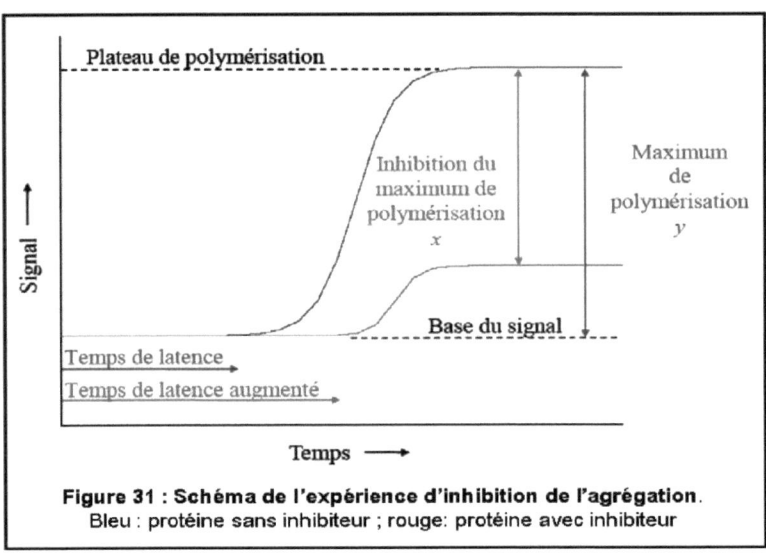

Figure 31 : Schéma de l'expérience d'inhibition de l'agrégation.
Bleu : protéine sans inhibiteur ; rouge: protéine avec inhibiteur

Pour chaque essai, les ligands, à une concentration équimolaire, sont mélangés avec la solution du lysozyme (1,4 mM) en début de la réaction. En présence de chaque composé, la variation de la fluorescence de ThT, en fonction du temps (Figure 32), a une allure sigmoïdale mais avec une diminution de la fluorescence par rapport au lysozyme tout seul. Si cette observation indique que tous les produits inhibent l'agrégation de la protéine, les données du tableau 5 révèlent des différences au niveau de leurs effets sur les caractéristiques du processus d'agrégation du lysozyme.

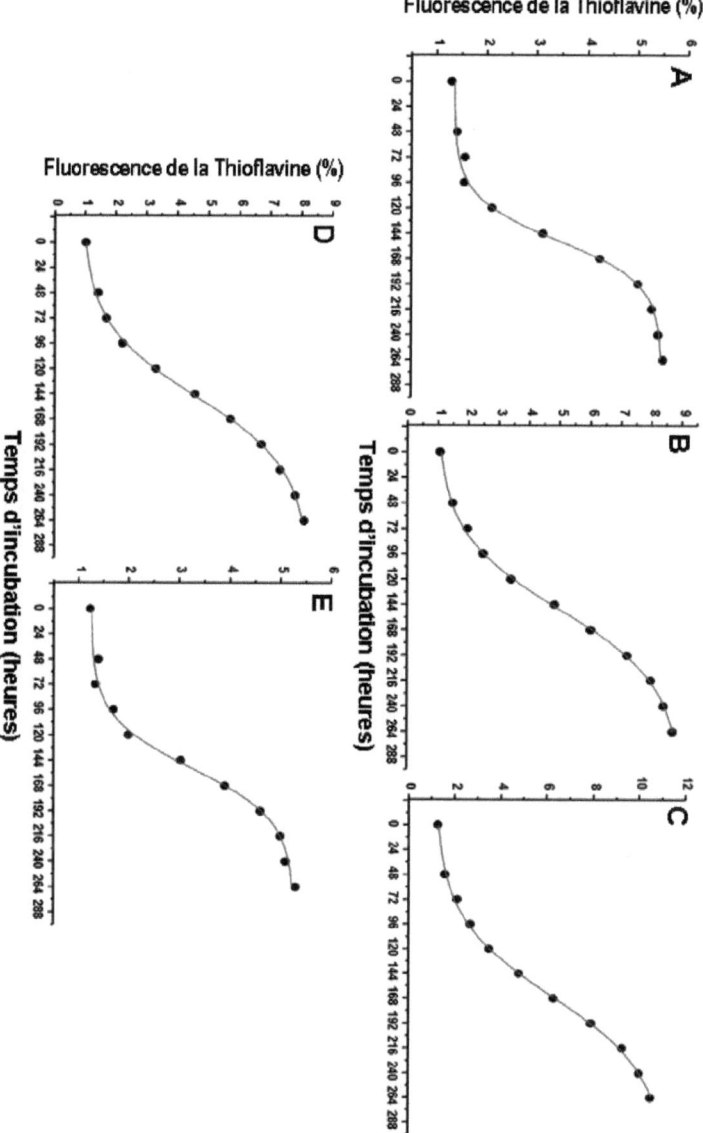

Figure 32: Variation de la fluorescence de la ThT en fonction du temps d'incubation du Lysozyme incubé avec la dopamine (A), la nicotine (B), le resvératrol (C), la rutine (D) et le tyrosol (E). Le lysozyme (1.4 mM), dissous dans un tampon acide (pH 2), a été incubé à une température de 57°C et sous une agitation de 700 rpm. [Protéine/Ligand]=1. Chaque point représente la moyenne de 3 mesures indépendantes

Tableau 5. Effets des composés testés sur les caractéristiques du processus d'agrégation du lysozyme.

	τ (heures)	X0 (heures)	Temps de latence (heures)
Lysozyme	**35,7**	**138,4**	**67,0**
Dopamine	20,5	150,5	109,5
Tyrosol	24,4	151,7	102,9
Resvératrol	38,3	165,9	89,3
Nicotine	36,1	148,6	76,4
Rutine	35,2	146,4	76,0

Ainsi, tous les composés ont un temps de latence plus grand que celui de la protéine seule qui est de 67h. Ce résultat suggère que ces inhibiteurs interagissent fortement avec les différents conformères et/ou les petits oligomères du lysozyme formés lors de la phase de latence. Cependant les effets de ces composés sont différents. Ainsi, pour la dopamine et le tyrosol, l'augmentation du temps de latence est la plus grande (de l'ordre de 40h) et est le résultat de l'augmentation de **x0** et de la diminution de **τ**. Par contre, l'augmentation du temps de latence pour le resvératrol (de l'ordre de 20h), la nicotine et la rutine (de l'ordre de 10h) résulte essentiellement de l'augmentation du paramètre **x0**.

III.2. Etude de la taille des agrégats par DLS

Afin de confirmer la dissociation des agrégats de haut poids moléculaire, nous avons utilisé la DLS pour suivre l'évolution de la taille des espèces générées en présence des différents produits. La variation du rayon de giration majoritaire du lysozyme, en fonction du temps, est présentée dans la figure 33.

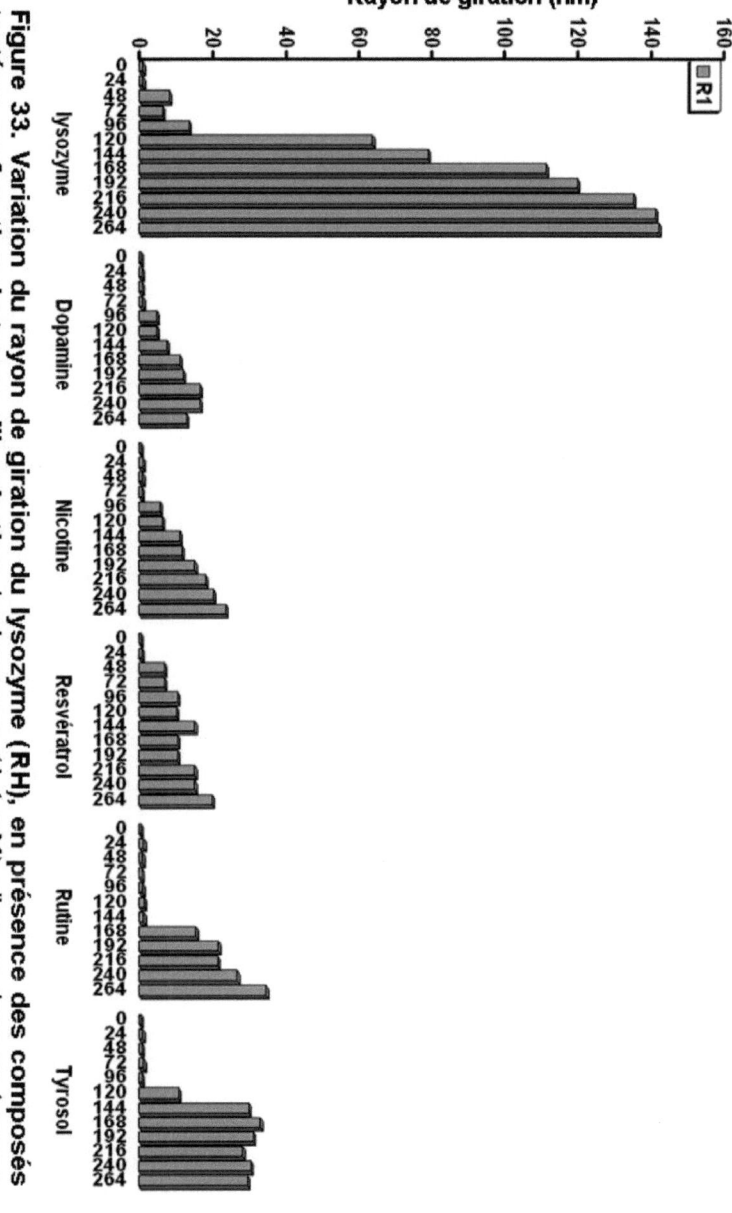

Figure 33. Variation du rayon de giration du lysozyme (RH), en présence des composés testées, en fonction du temps d'incubation. Le lysozyme (1.4 mM), dissous dans un tampon acide (pH 2), a été incubé à une température de 57°C et sous une agitation de 700 rpm. [Protéine/Ligand]=1. Chaque point représente la moyenne de 3 mesures indépendantes. R1 est le rayon de giration de l'espèce majoritaire.

On observe une diminution du rayon de giration du lysozyme en présence de tous les produits mais la taille des espèces obtenues est plus grande que celle du lysozyme monomérique (Rg=1.4 nm). De plus, la dopamine et le resvératrol sont les composés qui altèrent le plus la cinétique d'agrégation de la protéine en générant, au temps final du processus, des espèces ayant des rayons de girations respectives de 16 nm et de 20 nm. Par ailleurs, la rutine et le tyrosol sont les composés qui retardent le plus la formation d'agrégats du lysozyme (respectivement 144 heures et 96 heures).

III.3. Etude de la morphologie des agrégats par AFM

Après incubation du lysozyme avec chaque composé pendant 220h, la morphologie des espèces générées a été analysée par AFM. Les résultats obtenus sont représentés dans la figure 34.

Après incubation pendant 220h, le lysozyme forme des fibrilles de tailles différentes en absence d'inhibiteur (Figure 34A). Par contre, en présence d'inhibiteurs (1.4 mM), les images AFM (Figure 24B-F) indiquent que tous les produits inhibent la formation des espèces fibrillaires du lysozyme en générant des agrégats non fibrillaires en accord avec les données obtenues par DLS (Figure 33). La taille et la morphologie sont différentes selon le produit analysé. Ainsi, la nicotine donne naissance à de petits agrégats du lysozyme (Figure 34D) comparés à ceux générés par la dopamine (Figure 34B), la rutine (Figure 34E), le resvératrol (Figure 34C) et le tyrosol (Figure 34F). De plus, pour un composé donné, on obtient plusieurs agrégats générés de tailles différentes en accord avec les données obtenues précédemment par DLS. Cette observation met en évidence le polymorphisme du processus d'agrégation du lysozyme

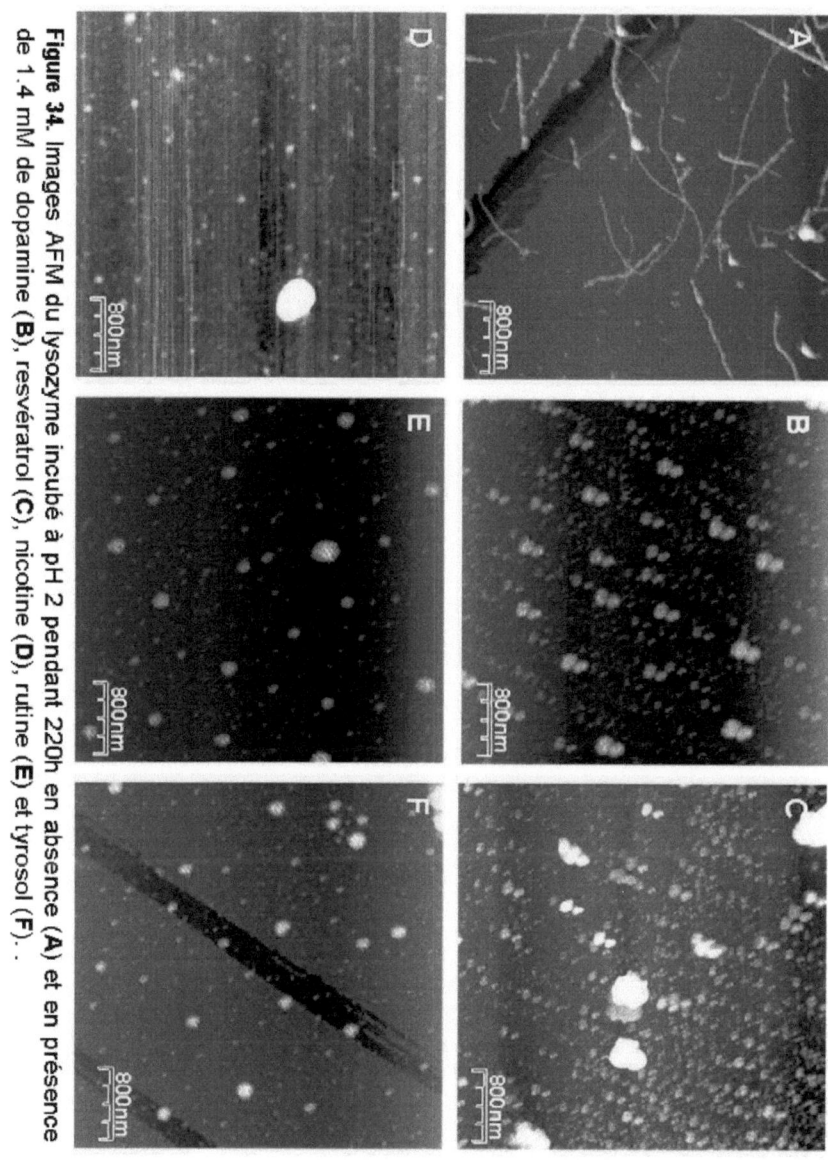

Figure 34. Images AFM du lysozyme incubé à pH 2 pendant 220h en absence (**A**) et en présence de 1.4 mM de dopamine (**B**), resvératrol (**C**), nicotine (**D**), rutine (**E**) et tyrosol (**F**).

III.4. Etude par fluorescence intrinsèque

Nous avons montré dans le chapitre II qu'à l'état initial (t=0h), la longueur d'onde de l'intensité maximale du spectre de fluorescence (λem) du lysozyme se situe autour de 337nm. En présence de ces composés, elle varie peu en fonction du temps (λem $\approx$340 nm à 220h). Par conséquent, les résidus Trp du lysozyme, modérément enfouis dans sa forme monomérique, le restent durant l'incubation en présence des différents composés.

Les figures 35,36 montre que la variation de l'aire des spectres de fluorescence des Trp [**100xF/F0**] diminue en fonction du temps pour chaque inhibiteur. Ce résultat indique que la polarité de l'environnement des résidus Trp et de leurs interactions avec le solvant et/ou l'environnement protéique (Hayashi and Nakamura, 1981) sont altérées par l'inhibition de l'agrégation du lysozyme. Cette variation de la fluorescence des Trp du lysozyme est caractérisée par 3 phases pour la nicotine, le tyrosol et le resvératrol (Figure 35) et par 2 phases pour la dopamine et la rutine (Figure 36).

Les valeurs des pentes des différentes phases de l'inhibition sont indiquées dans le tableau 6. On observe que les composés se subdivisent en deux groupes :

Tableau 6. Effets des composés testés sur les phases du processus d'agrégation du lysozyme.			
	Y1	Y2	Y3
Resvératrol	-0,606	**-0,039**	-0,276
Nicotine	-0,508	**-0,079**	-0,214
Tyrosol	**-0,067**	-0,375	-0,123
Rutine	-0,362	-0,110	
Dopamine	-0,167	-0,309	
Les constantes **Yi** sont les pentes déterminées à partir des figures 35 et 36			

- -Pour le 1er groupe, le resvératrol et la nicotine sont caractérisés essentiellement par une pente prononcée durant la 1ère phase alors que le resvératrol l'est essentiellement par une pente prononcée durant la 2ème phase du processus d'inhibition.
- -Pour le 2ème groupe, on observe des effets opposés entre les deux composés testés. La rutine se caractérise par une pente prononcée durant la 1ème alors que la dopamine l'est durant la 2ème phase du processus d'inhibition.

Conclusion générale. Les différentes techniques utilisées (fluorescence intrinsèque et extrinsèque, la diffusion dynamique de la lumière et la microscopie à force atomique) montrent que la nicotine, la dopamine, le resvératrol, le tyrosol et la rutine inhibent l'agrégation du lysozyme mais avec des effets différents. Ainsi, ils :

1. modifient les caractéristiques du processus d'agrégation de la protéine,

2. génèrent des espèces de taille et de morphologie différentes

3. perturbent fortement les environnements locaux des résidus Trp

Sur la base de ces données, peut-on en déduire que ces produits naturels ont des efficacités différentes dans l'inhibition du processus d'agrégation du lysozyme? Par ailleurs, plusieurs études ont montré que les inhibiteurs peuvent intervenir soit (i)-en stabilisant la forme native des protéines amyloïdes (Chiti et al., 2001; Soldi et al., 2006; Ono and Yamada, 2006) ou soit (ii)-en favorisant la transformation de la cinétique vers la formation d'oligomères intermédiaires ou encore d'agrégats amorphes (de Felice et al., 2004 ; Masuda et al., 2006 ; Vieira et al., 2006 ; Cohen et al., 2006).

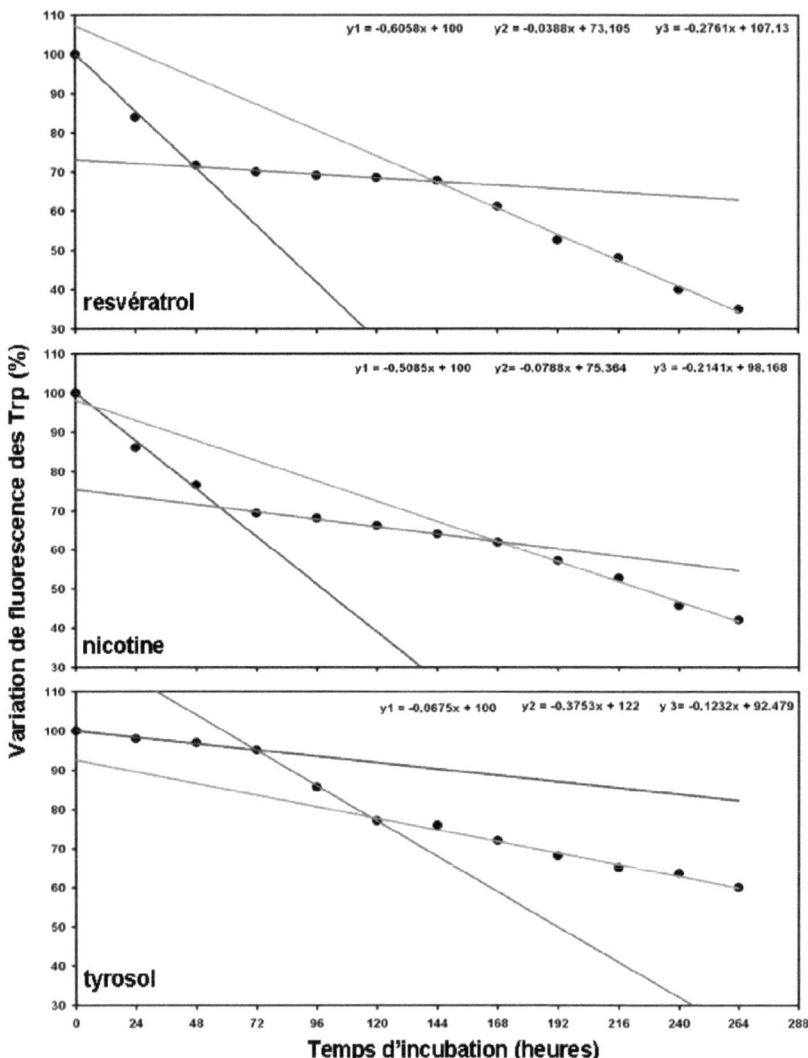

Figure 35: Variation de la fluorescence des Trp du lysozyme, en présence de composés testés, en fonction du temps d'incubation. Le lysozyme (1.4 mM), dissous dans un tampon acide (pH 2), a été incubé à une température de 57°C et sous une agitation de 700 rpm. [Protéine]=[Ligand]=1. Chaque point représente la moyenne de 3 mesures indépendantes

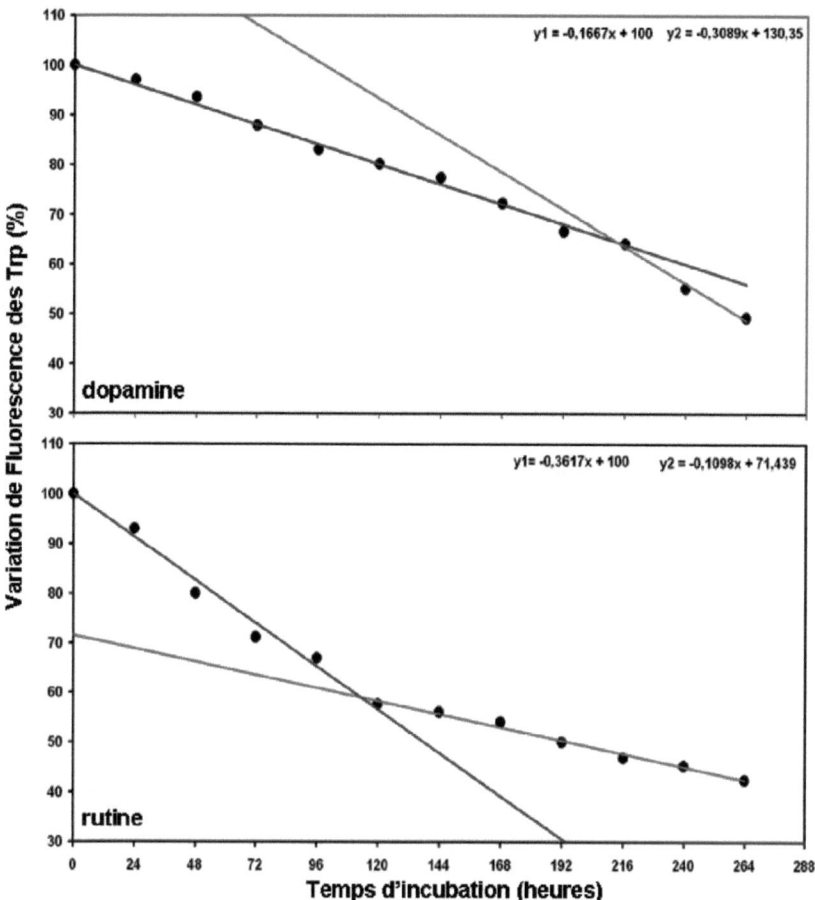

Figure 36: Variation de la fluorescence des Trp du lysozyme, en présence de composés testés, en fonction du temps d'incubation. Le lysozyme (1.4 mM), dissous dans un tampon acide (pH 2), a été incubé à une température de 57°C et sous une agitation de 700 rpm. [Protéine]=[Ligand]=1. Chaque point représente la moyenne de 3 mesures indépendantes

-IV- EFFICACITE DES INHIBITEURS DE L'AGREGATION DU LYSOZYME.

Dans le chapitre précédent, nous avons montré que tous les produits inhibent l'agrégation du lysozyme mais leurs effets semblent être différents. Pour cela, nous avons déterminé leur efficacité respective en analysant l'effet de ces composés sur les différentes phases du processus d'agrégation de la protéine.

IV.1. Etude par fluorescence de ThT

Nous avons incubé le lysozyme (1,4 mM), durant certain temps d'incubation à 57°C et sous une agitation de 700 rpm, en présence de concentrations variables de ces composés.

Les données, obtenues pour chaque composé pour une période de 220h, sont indiquées dans la figure 37. Ces courbes, représentant la variation de la fluorescence de la ThT en fonction de log [C], montrent que l'inhibition de l'agrégation du lysozyme par ces produits, est dose dépendante. Ces courbes, traitées par le logiciel «Origin», montrent que l'inhibition de l'agrégation du lysozyme par chaque composé se fait selon le modèle bidose (voir matériels et méthodes). Ce modèle suggère l'existence de deux sites de fixation des ligands dont les valeurs sont indiquées dans le tableau 7.

Tableau 7. Efficacité des composés durant la phase stationnaire de l'agrégation du lysozyme.

	Rutine	Dopamine	Nicotine	Resvératrol	Tyrosol
$10^4 \times IC50(1)$	1,17	1,02	2,58	0,31	1,32
$10^6 \times IC50(2)$	**1,41**	2,74	2,66	2,52	2,59
P(%)	26,0	29,0	29,0	51,0	70,0

La comparaison des valeurs de ces IC50 montre que la rutine est le composé le plus efficace pour les sites de forte affinité alors que le resvératrol est le plus efficace pour les sites de faible affinité. Par ailleurs, la comparaison des valeurs du paramètre P (% d'existence du 1er site par rapport au second) permet de subdiviser les composés en 3 familles:

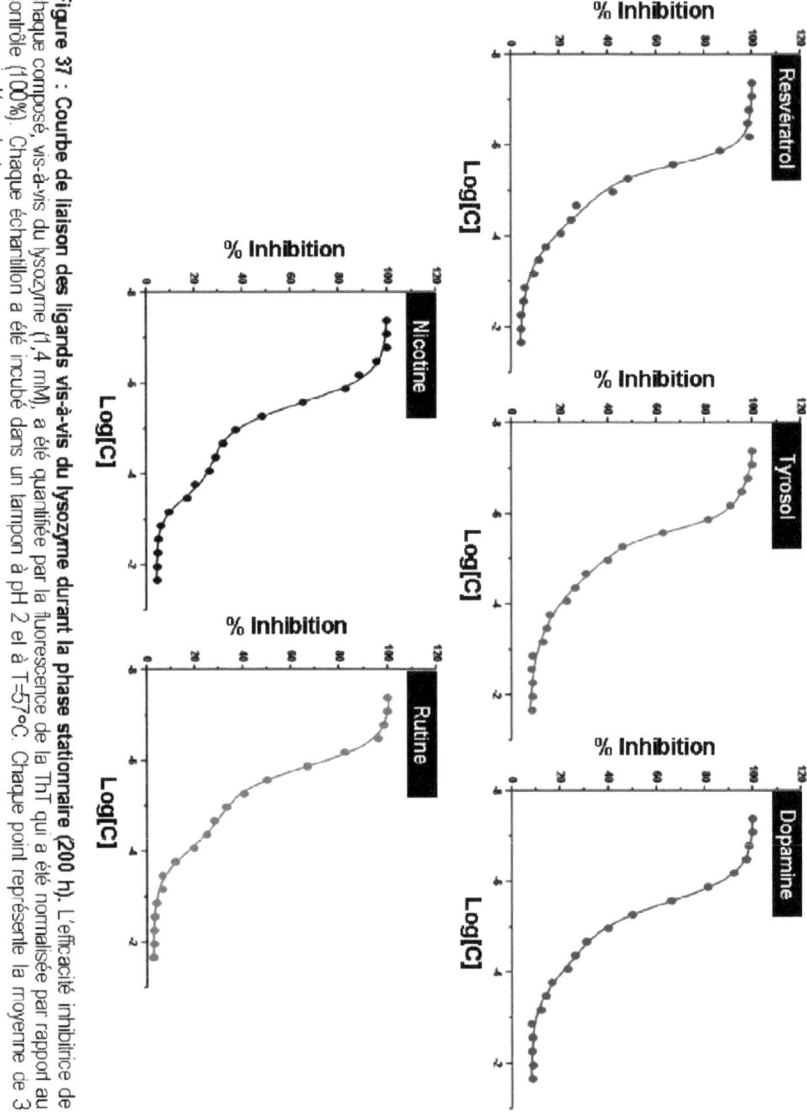

Figure 37 : Courbe de liaison des ligands vis-à-vis du lysozyme durant la phase stationnaire (200 h). L'efficacité inhibitrice de chaque composé, vis-à-vis du lysozyme (1,4 mM), a été quantifiée par la fluorescence de la ThT qui a été normalisée par rapport au contrôle (100%). Chaque échantillon a été incubé dans un tampon à pH 2 et à T=57°C. Chaque point représente la moyenne de 3 mesures indépendantes.

- le tyrosol qui possède un P supérieur à 50%.
- le resvératrol ayant un P de l'ordre de 50% et
- la nicotine, la rutine et la dopamine qui possèdent un P inférieur à 50%,

Ces données indiquent que la rutine, la nicotine et la dopamine se fixent préférentiellement sur les sites de forte affinité (10^{-6} M) alors que le tyrosol se fixe sur les sites de faible affinité (10^{-4} M). Par contre, le resvératrol se fixe avec la même probabilité sur les 2 sites de fixation qui de plus ont des affinités proches.

La figure 38 représente la variation de la fluorescence de la ThT en fonction de log[C] durant 144 heures. Les courbes, traitées par le logiciel «Origin», montrent que l'inhibition de l'agrégation de la protéine par chaque composé, se fait selon le modèle bidose. On obtient les mêmes résultats pour 96 heures. Les valeurs des IC50 sont indiquées dans le tableau 8.

	Tyrosol	Resvératrol	Nicotine	Rutine	Dopamine
Tableau 8. Efficacité des composés durant la phase de croissance de l'agrégation du lysozyme					
	96 heures				
10^4xIC50(1)	3,92	1,45	6,07	7,66	4,78
10^5xIC50(2)	1,92	1,08	1,05	2,35	2,83
P(%)	40,0	52,0	52,0	28,0	12,0
	144 heures				
10^4xIC50(1)	1,64	1,93	3,85	1,99	0,21
10^6xIC50(2)	3,03	7,66	5,04	3,01	0,92
P(%)	20,0	38,0	39,0	52,0	76,0

La comparaison de ces IC50 montre qu'à 96 heures la nicotine et le resvératrol sont les composés les plus efficaces pour les sites de forte affinité alors que le resvératrol est le plus efficace pour les sites de faible affinité. A 144 heures, la dopamine est le composé le plus efficace pour les sites de forte et de faible affinité.

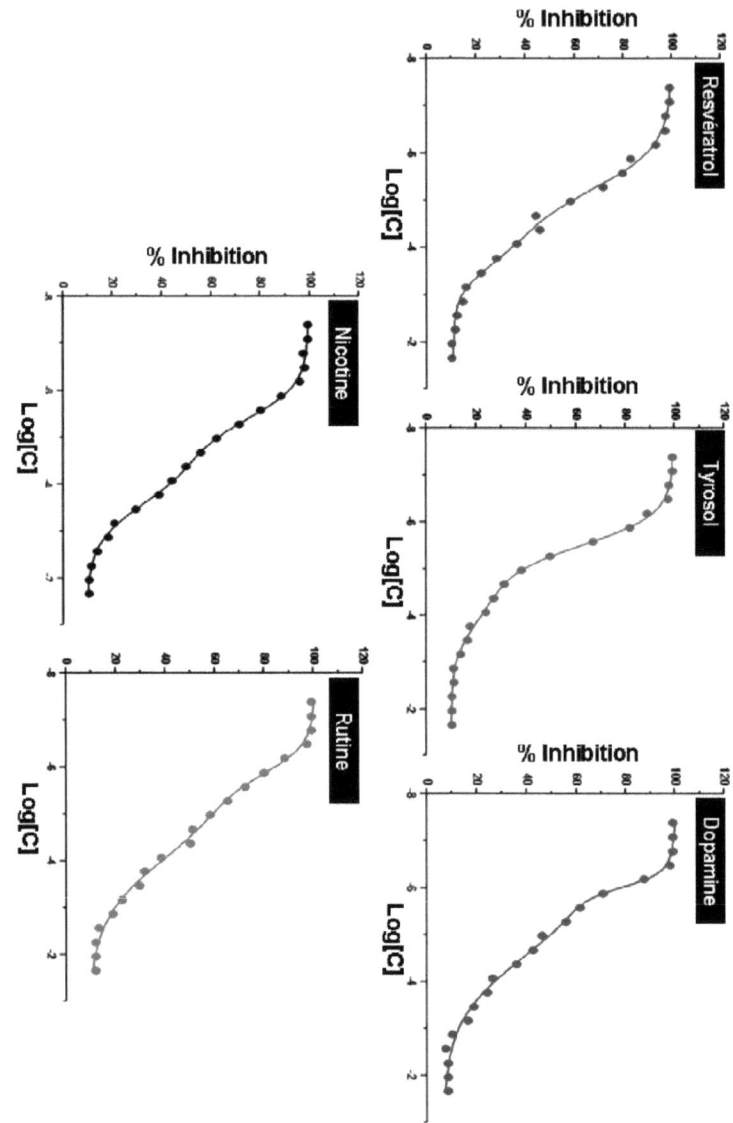

Figure 38 : Courbe de liaison des ligands vis-à-vis du lysozyme durant la phase exponentielle (144 h). L'efficacité inhibitrice de chaque composé, vis-à-vis du lysozyme (1,4 mM), a été quantifiée par la fluorescence de la ThT qui a été normalisée par rapport au contrôle (100%). Chaque échantillon a été incubé dans un tampon à pH 2 et à T=57°C. Chaque point représente la moyenne de 3 mesures indépendantes.

En tenant compte des valeurs du paramètre P (% d'existence du 1er site par rapport au second), on observe que la fixation préférentielle des composés aux deux types de sites est différente entre les 2 temps d'incubation. Ainsi, à 96 heures, la dopamine et la rutine se fixent préférentiellement sur les sites de forte affinité alors que le tyrosol, le resvératrol et la nicotine sont indifférents. A 144 heures, c'est ces derniers qui se fixent préférentiellement sur les sites de forte affinité alors que les premiers préfèrent les sites de faible affinité.

La figure 39, représentant la variation de la fluorescence de la ThT en fonction de log[C] durant une période de 48 heures, montre que l'inhibition de l'agrégation du lysozyme est dose dépendante. Les courbes, traitées par le logiciel «Origin», montrent par contre que l'inhibition de l'agrégation de la protéine, par chaque composé, se fait selon le modèle monodose qui suggère l'existence d'un seul site de fixation. On obtient les mêmes résultats pour une incubation de 72 heures.

Les valeurs des IC50 calculés, calculées durant la phase de latence, sont indiquées dans le tableau 9. Les valeurs des IC50, obtenues pour les temps 48 et 72 heures, sont du même ordre de grandeur que celles obtenues respectivement pour le IC50(1) et le IC50(2) calculés pour un temps d'incubation de 220h.

Tableau 9. Efficacité des composés durant la phase de latence de l'agrégation du lysozyme					
	48 heures				
	Dopamine	Resvératrol	Rutine	Tyrosol	Nicotine
$10^4 \times IC50$	0,51	1,71	2,79	3,75	8,44
	72 heures				
	Dopamine	Resvératrol	Rutine	Tyrosol	Nicotine
$10^6 \times IC50$	4,64	4,26	5,30	3,68	2,03

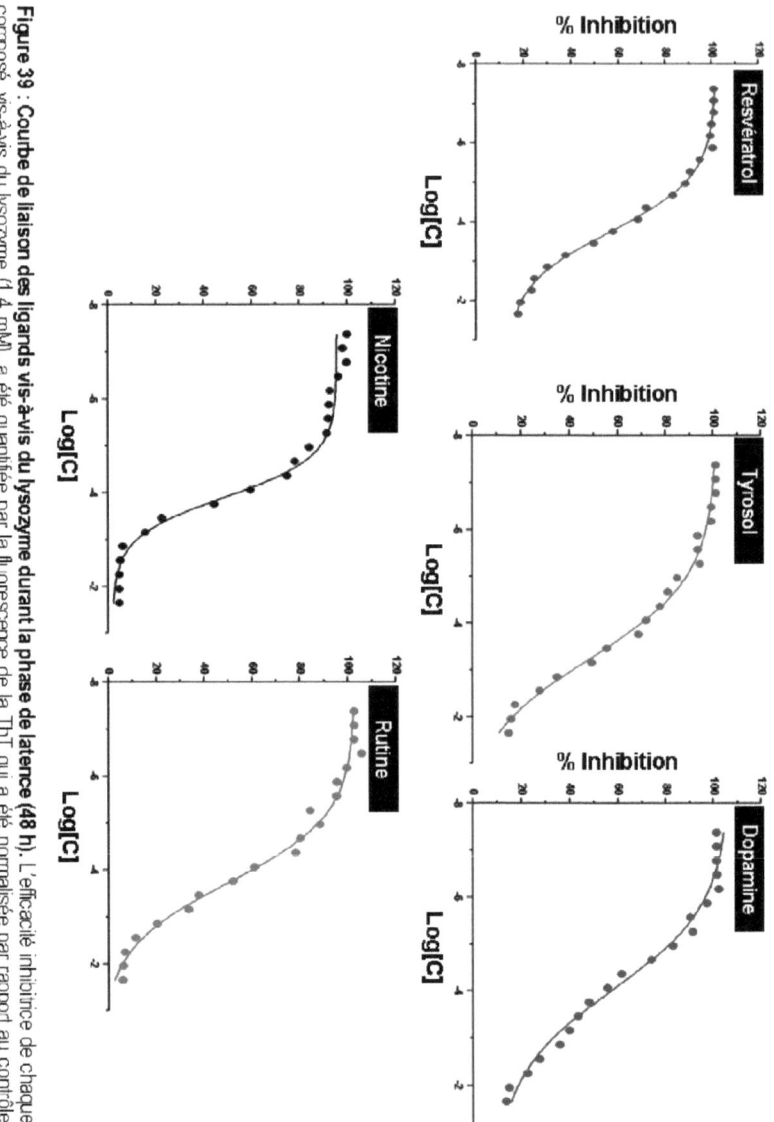

Figure 39 : Courbe de liaison des ligands vis-à-vis du lysozyme durant la phase de latence (48 h). L'efficacité inhibitrice de chaque composé, vis-à-vis du lysozyme (1,4 mM), a été quantifiée par la fluorescence de la ThT qui a été normalisée par rapport au contrôle (100%). Chaque échantillon a été incubé dans un tampon à pH 2 et à T=57°C. Chaque point représente la moyenne de 3 mesures indépendantes.

Conclusion. Nos résultats démontrent clairement que les composés utilisés inhibent différemment l'agrégation du lysozyme selon la phase analysée de ce processus. Ces différences se révèlent au niveau du nombre et de l'affinité des sites de liaison. Ainsi, on observe un seul site de liaison durant le temps de latence alors que l'on en observe 2 dès la phase de croissance. Par conséquent, quelle signification peut-on donner à la présence de deux IC50? Correspondent-ils à 2 sites de fixation différents sur une forme du lysozyme ou à deux formes de la protéine ayant chacune un site de fixation différent?

IV.2. Etude de la taille des agrégats par DLS

Nous avons utilisé le DLS pour analyser la taille des espèces du lysozyme, générées en présence chaque inhibiteur, à différentes phases du processus d'agrégation.

Les figures 40 et 41 représentent les diagrammes DLS du lysozyme, obtenus après incubation de la protéine pendant le temps de latence, en présence de chaque composé aux concentrations extrêmes.

- Après 48h d'incubation, le rayon de giration du lysozyme seul est de 22 nm. Aux hautes concentrations des inhibiteurs, on observe un seul pic ayant un rayon de giration de 1,4 nm (99%) pour le resvératrol, 1,5 nm (98%) pour le tyrosol, 1,6 nm (99%) pour la dopamine et la rutine et 2,0 nm en présence de la nicotine (99%) (Figure 40A). On obtient les mêmes résultats aux faibles concentrations des ligands (Figure 40B) à l'exception du resvératrol (RH=6,1 nm).

- A 72 heures, le rayon de giration du lysozyme seul est de 38,2 nm. Aux hautes concentrations des inhibiteurs (Figure 41A), on observe aussi 1 seul pic ayant un rayon de giration de 1,5 nm (98%) pour la nicotine et la rutine, 1,6 nm (99%) pour le resvératrol, 2,0 nm (98%) pour la dopamine et 2,2 nm (98%) en présence du tyrosol. On obtient les mêmes résultats aux basses concentrations de ligands (Figure 41B) à l'exception de la nicotine dont le rayon de giration est de 5,9 nm.

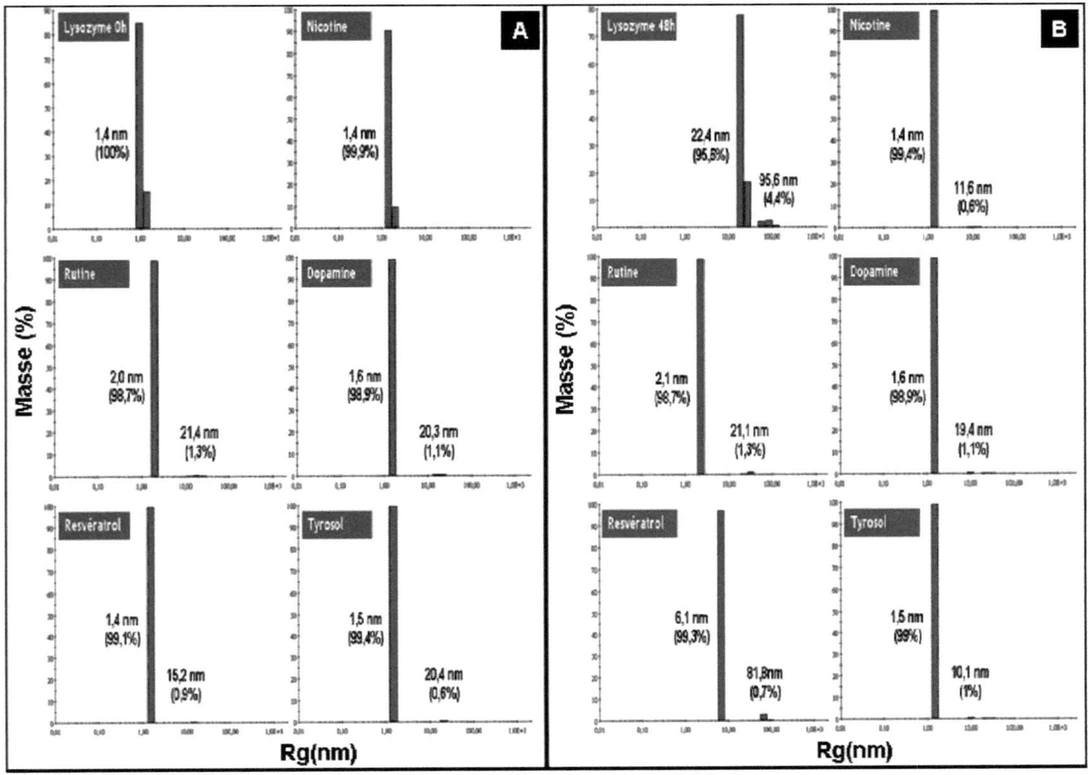

Figure 40. Diagrammes DLS de l'incubation du lysozyme pendant 48h avec différents ligands à des concentrations de 5.10^{-3} M (A) et $1,7.10^{-7}$ M (B).

Les figures 42 et 43 représentent les diagrammes DLS du lysozyme, obtenus après incubation de la protéine pendant la phase exponentielle, en présence de chaque composé aux concentrations extrêmes.

- Après 96h d'incubation, le lysozyme seul forme des fibrilles de 66,5 nm de taille. Aux concentrations élevées des ligands (Figure 42A), on observe 2 pics dont le majoritaire a un rayon de giration de 2,1 nm (98%), 2,2 nm (98%), 4,6 nm (97%), 6,9 nm (95%) et 8,6 nm (96%) en présence respectivement de la dopamine, du tyrosol, de la nicotine, du resvératrol et de la rutine. Aux concentrations faibles de ligands (Figure 42B), on observe aussi 2 pics dont le majoritaire a un rayon de giration de 10,4 nm, 17,6 nm, 19,4 nm, 21,1 nm et 23,5 nm en présence respectivement de la dopamine, du resvératrol, de la nicotine, du tyrosol et de la rutine

- A 144h d'incubation, le lysozyme seul forme des fibrilles de 117,5 nm de taille. Aux concentrations élevées des inhibiteurs (Figure 43A), on observe 2 pics dont le majoritaire a un rayon de giration de 6,5 nm (99%), 6,7 nm (99%), 9,5 nm (96%), 9,7 nm (99%) et 12,7 nm (98%) en présence respectivement de la dopamine, du resvératrol, de la nicotine, du tyrosol et de la rutine. Aux faibles concentrations des ligands (Figure 43B), on observe aussi 2 pics dont le majoritaire a un rayon de giration de 26,3 nm (96%), 28,2 nm (93%), 30,5 nm (82%), 35,3 nm (69%) et 37,5 nm (91%) en présence respectivement de la nicotine, de la rutine, de la dopamine, du tyrosol et du resvératrol.

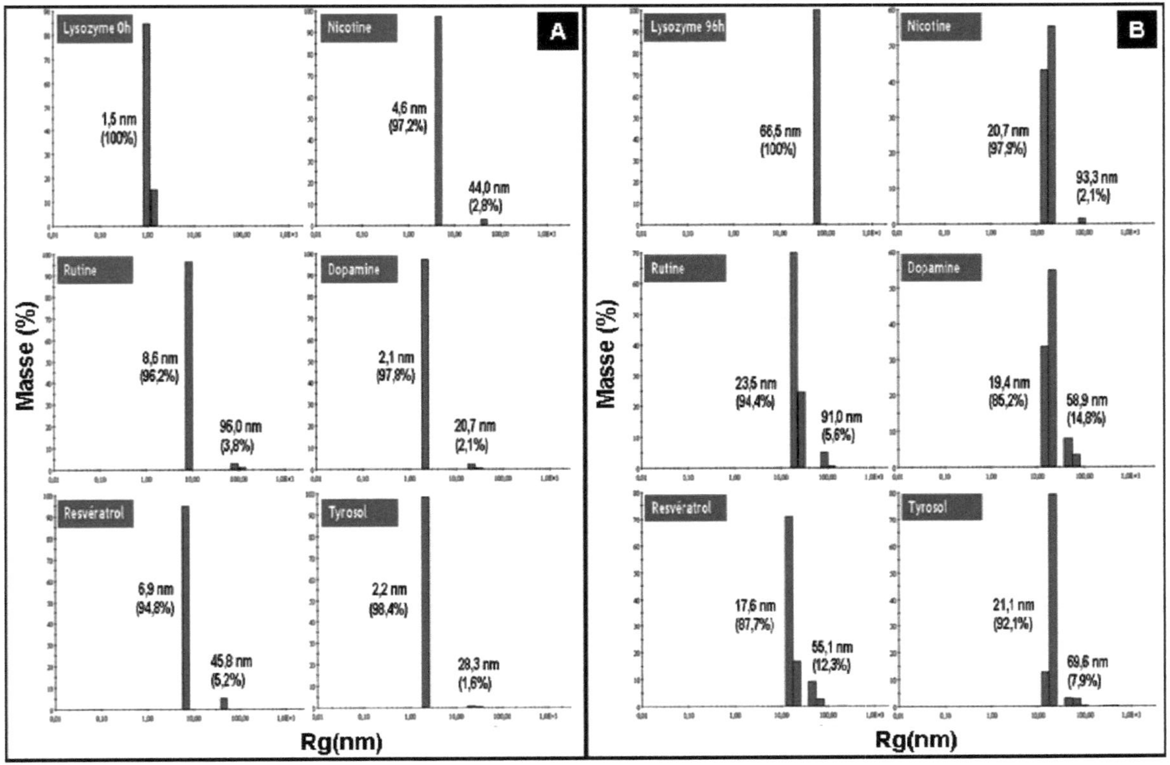

Figure 42. Diagrammes DLS de l'incubation du lysozyme pendant 96h avec différents ligands à des concentrations de 5.10^{-3} M (**A**) et $1,7.10^{-7}$ M (**B**).

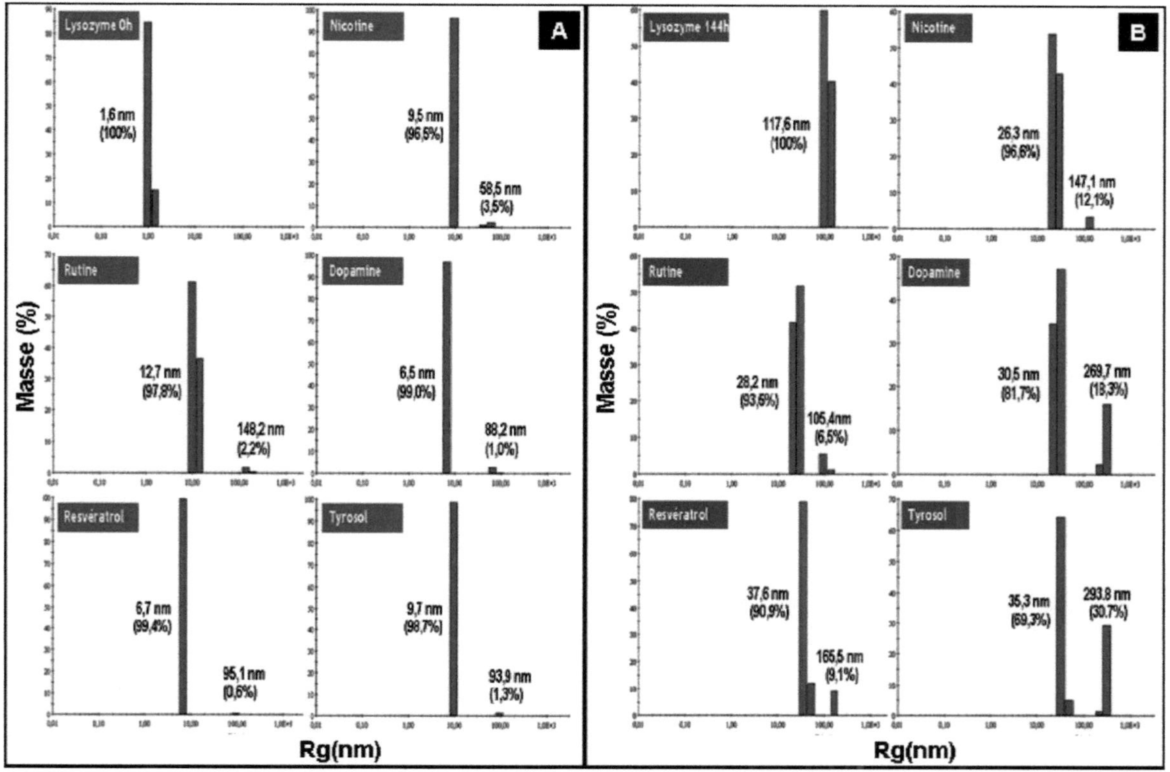

Figure 43. Diagrammes DLS de l'incubation du lysozyme pendant 144h avec différents ligands à des concentrations de 5.10^{-3} M (A) et $1,7.10^{-7}$ M (B).

La figure 44 représente les diagrammes DLS du lysozyme, obtenus après incubation de la protéine pendant 220h (phase stationnaire), en présence de chaque composé aux concentrations extrêmes Après 220h d'incubation, le rayon de giration des espèces fibrillaires du lysozyme est de 149 nm. Aux hautes concentrations des inhibiteurs, on observe deux pics dont le majoritaire a un rayon de giration de 1,7 nm (100%), 11,2 nm (86%), 14,2 nm (92%), 14,2 nm (97%) et 18,8 nm (92%) en présence respectivement de la nicotine, du tyrosol, de la dopamine, de la rutine et du resvératrol (Figure 44A). Aux basses concentrations des ligands, on obtient aussi deux pics dont le majoritaire a un rayon de giration de 31,4 nm (88%), 36,5 nm (95%), 36,7 nm (76%), 41,6 nm (91%) et 52,1 nm (89%) en présence respectivement de la nicotine, de la rutine, de la dopamine, du resvératrol et du tyrosol (Figure 44B).

Les valeurs du rayon de giration des espèces du lysozyme sont représentées dans les figures A1-A5 (voir annexe) en fonction de la concentration de chaque composé.

Conclusion. Les données, obtenues par DLS, permettent de déduire les conclusions suivantes:

- Quelque soit la nature ou la concentration du composé analysé, tous les produits inhibent la croissance des fibrilles en générant deux espèces dont une est majoritaire (>90%).
- Durant la phase de latence ($\leq$72 heures), l'agrégation du lysozyme est totalement inhibée quelque soit la concentration du ligand, En effet, les valeurs du rayon de giration des espèces générées sont de l'ordre de grandeur de celle du lysozyme à l'état monomérique (R_H=1,6 nm). Cette observation suggère que ces composés stabilisent soit la forme native de la protéine et/ou soit sa forme partiellement repliée. Cette dernière étant la configuration qui forme le nucléus à l'origine de la croissance fibrillaire.

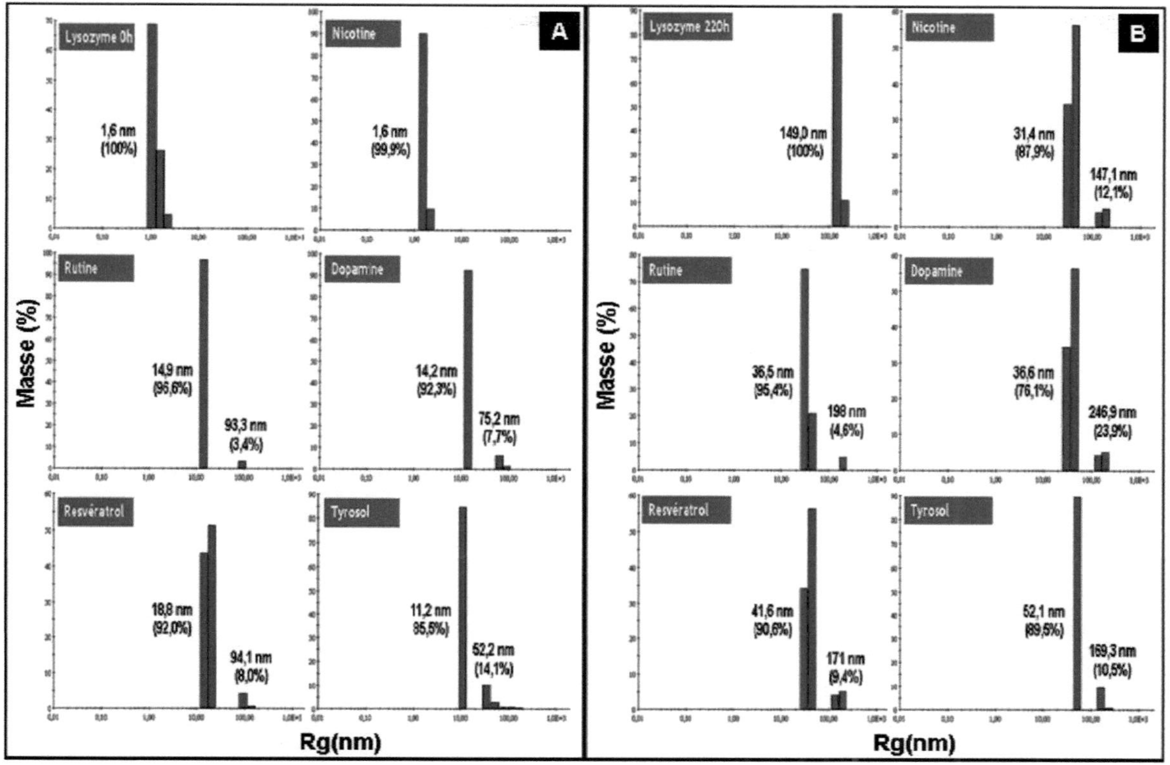

Figure 44. Diagrammes DLS de l'incubation du lysozyme pendant 220h avec différents ligands à des concentrations de 5.10^{-3} M (A) et $1,7.10^{-7}$ M (B).

- Durant les phases de croissance et stationnaire, les rayons de giration varient en fonction de la concentration des ligands et du temps d'incubation. Aux concentrations élevées des ligands, le rayon de giration des espèces générées est en général supérieur (2 à 10 fois) à celui de la protéine monomérique alors qu'il est inférieur au rayon de giration de la forme oligomérique de la protéine (2 à 6 fois) aux basses concentrations.
- Puisque la fluorescence de la ThT du lysozyme, en présence de faibles concentrations de ligands, est la même que celle de la protéine seule sous forme agrégée (147 nm), les résultats, obtenus par DLS, suggèrent que les ligands inhibent le processus d'agrégation de la protéine tout en remodelant les espèces générées qui correspondent à des agrégats de plus petites tailles.

IV.3. Etude de la morphologie des agrégats par AFM

Pour mieux comprendre comment agissent les inhibiteurs au cours du processus d'agrégation de la protéine (possibilité de déviation du mécanisme d'agrégation vers la formation d'agrégats amorphes ou d'oligomères stables), on a eu recours à l'AFM pour étudier la taille et la morphologie des espèces générées suite à l'inhibition de l'agrégation de la protéine.

Comme nous l'avons montré dans le premier chapitre, l'incubation du lysozyme, pendant 220h, génère 3 types de fibrilles différentes par leur taille (Figure 24B). En présence de concentrations élevées d'inhibiteurs, on obtient des espèces non fibrillaires de tailles différentes (Figure 45). L'analyse des images AFM montre clairement que la nicotine, la rutine et le tyrosol génèrent des espèces protéiques dont la morphologie est très différente de celle des espèces produites par la dopamine et le resvératrol. Le tableau 9 montre que la distribution des espèces générées par les composés testés est très variable.

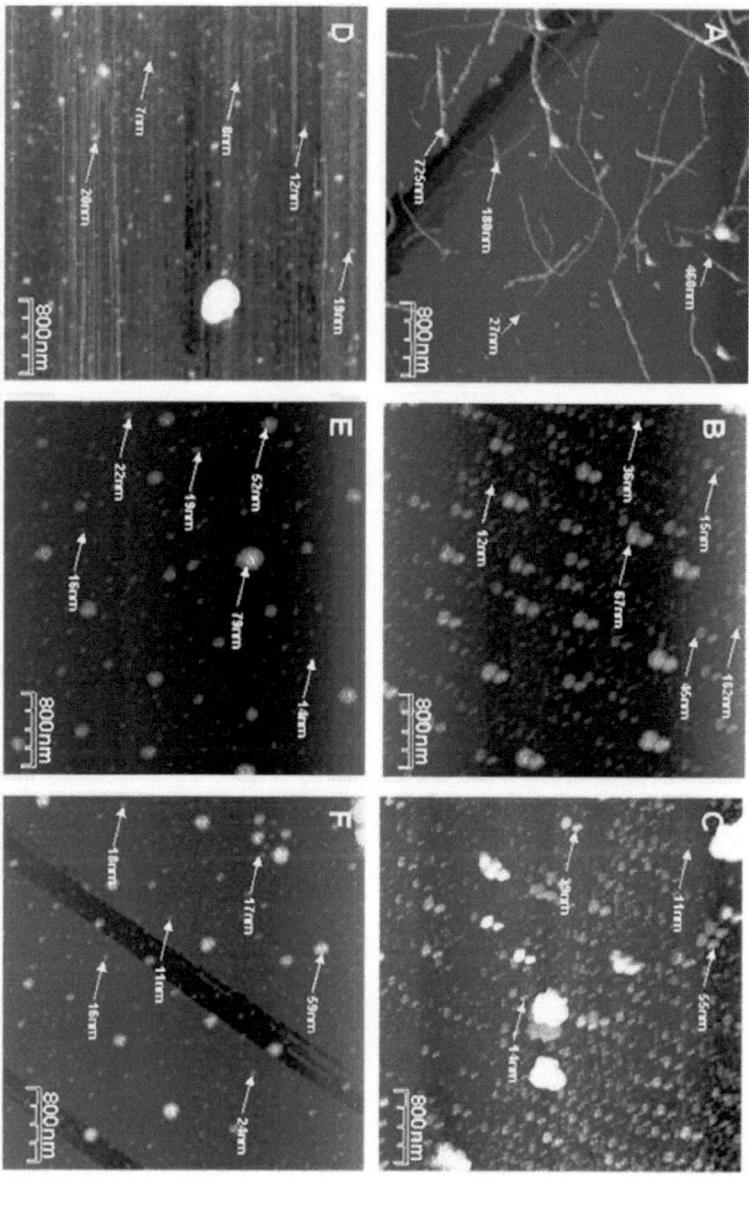

Figure 45. Images AFM de l'incubation du lysozyme d'œuf de poulet (1,4 mM), pendant 220h à pH 2, en absence (A) et en présence de la dopamine (B), du resvératrol (C), de la nicotine (D), de la rutine (E) et du tyrosol (F) à une concentration de 5.10⁻³ M.

Tableau 9. Pourcentage des espèces générées après incubation du lysozyme, en présence de hautes concentrations de ligands, pendant 220 heures

Longueur des espèces	L<15 nm	15 nm<L<30 nm	L>30 nm
Lysozyme+ Nicotine	88,6	11,4	
Lysozyme+ Tyrosol	46,9	33,9	19,3
Lysozyme+ Dopamine	27,0	59,2	13,8
Lysozyme+ Rutine	23,1	59,1	17,8
Lysozyme+ Resvératrol	14,0	70,3	15,7

L'analyse plus détaillée des valeurs de la distribution des espèces générées montre que:

1. la majorité des espèces générées par ces composés ont une taille inférieure à 30 nm (85-100%).
2. la nicotine et le tyrosol génèrent majoritairement des espèces ayant une taille inférieure à 15 nm avec un effet plus accentué pour la nicotine (88%),
3. Le resvératrol, la dopamine et la rutine génèrent majoritairement des espèces ayant une taille comprise entre 15 et 30 nm avec un effet plus accentué pour le resvératrol (70%)
4. le tyrosol semble être le composé qui génère des espèces polydisperses au contraire des autres composés (L<15 nm= 47% ; 15 nm <L<30 nm= 34%)

En présence d'inhibiteurs à des concentrations faibles, on obtient des espèces de morphologie différente selon le produit utilisé (Figure 46). L'analyse des images AFM montre clairement que la nicotine, la dopamine et le resvératrol génèrent des espèces protéiques dont la morphologie est très différente de celle de la rutine et du tyrosol. De plus, la nicotine et la rutine génèrent aussi quelques petites fibrilles. Le tableau 10 suivant résume la distribution de la taille des espèces générées en présence de chaque inhibiteur.

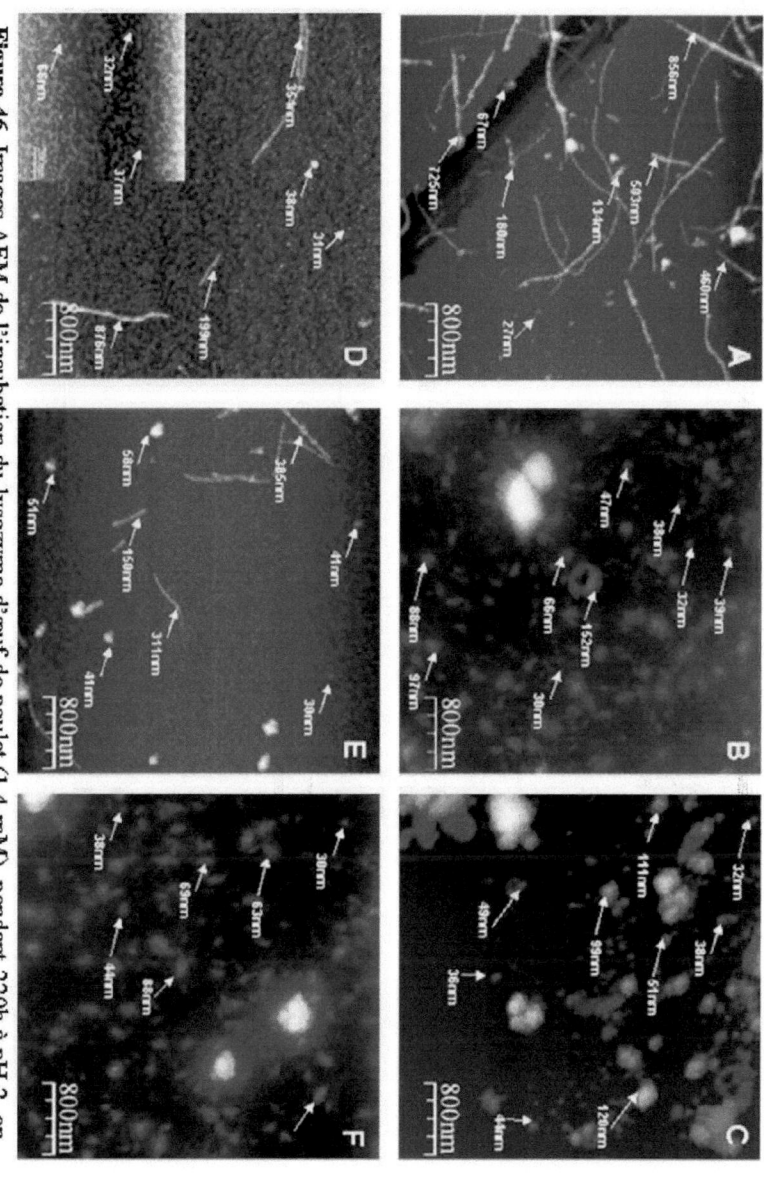

Figure 46. Images AFM de l'incubation du lysozyme d'œuf de poulet (1,4 mM), pendant 220h à pH 2, en absence (A) et en présence de la dopamine (B), du resvératrol (C), de la nicotine (D), de la rutine (E) et du tyrosol (F) à une concentration de $1,7.10^{-7}$ M.

Tableau 10. Pourcentage des espèces générées après incubation du lysozyme, en présence de faibles concentrations de ligands, pendant 220 heures

Longueur des espèces (nm)	30 nm<L<60 nm	60 nm<L<70 nm	L>70 nm
lysozyme + Nicotine	52	30	18
lysozyme + Dopamine	43	32	25
lysozyme + Tyrosol	40	37	23
lysozyme + Resvératrol	35	34	31
lysozyme + Rutine	33	40	27

L'analyse plus détaillée des valeurs de la distribution des espèces générées montre que:

1. la majorité des espèces générées par ces composés ont une taille comprise entre 30 nm et 70 nm (75 à 85%).

2. la nicotine, la dopamine et le tyrosol produisent majoritairement des agrégats ayant une taille comprise entre 30 nm et 60 nm avec un effet plus grand pour la nicotine (52%)

3. la rutine génère majoritairement des agrégats ayant une taille comprise entre 60 nm et 70 nm (40%).

4. le resvératrol est intéressant dans la mesure où il génère des agrégats du lysozyme avec des pourcentages similaires.

Conclusion. Les données, obtenues par AFM à 220h, démontrent que, quelque soit la nature ou la concentration du composé analysé, tous les produits inhibent l'agrégation du lysozyme mais avec des effets différents. Ces différences se révèlent au niveau de la morphologie et de la taille des espèces stabilisées. Cette observation suggère que les ligands inhibent le processus d'agrégation de la protéine en remodelant les espèces générées

IV.4. Analyse de la structure secondaire des agrégats par Infra-rouge.

Les changements structuraux, engendrés par l'inhibition du processus d'agrégation de la protéine, ont été analysés par spectroscopie Infra rouge (FTIR).

Les spectres, obtenus à haute concentration de ligands, sont représentés dans les figures 47-51 selon le temps d'incubation. L'analyse de ces spectres montre que leur intensité et la forme de leur enveloppe spectrale sont variables en fonction du temps d'incubation et de la nature des composés naturels. Ainsi, , à 48h, la dopamine (Figure 47), la nicotine (Figure 48) et le tyrosol (Figure 50) sont caractérisés par des spectres ayant une enveloppe spectrale différente alors que le resvératrol (Figure 49) et la rutine (Figure 51) présentent une similarité spectrale. De même, la forme de l'enveloppe spectrale du spectre de la rutine (Figure 51) est variable en fonction du temps d'incubation alors que celle des spectres du tyrosol (Figure 50) varie peu. De plus, le rapport des intensités des bandes amide I et II est supérieur 1 pour la dopamine (Figure 47) et le resvératrol (Figure 49) en fonction du temps alors qu'il est variable pour les autres composés. Bien que les produits utilisés inhibent le processus d'agrégation du lysozyme, ces observations démontrent clairement que la conformation des espèces générées est affectée différemment par chaque composé. On obtient des résultats similaires à basse concentration de ligands.

La bande d'absorption amide I (1700-1600 cm^{-1}) de chaque spectre a été décomposée en plusieurs bandes d'absorption (voir tableau Matériel et Méthodes) qui sont associée chacune à une structure secondaire bien spécifique (Goormaghtigh et al., 1994 ; Mantsch and Chapman, 1996 ; Pelton and McLean, 2000).

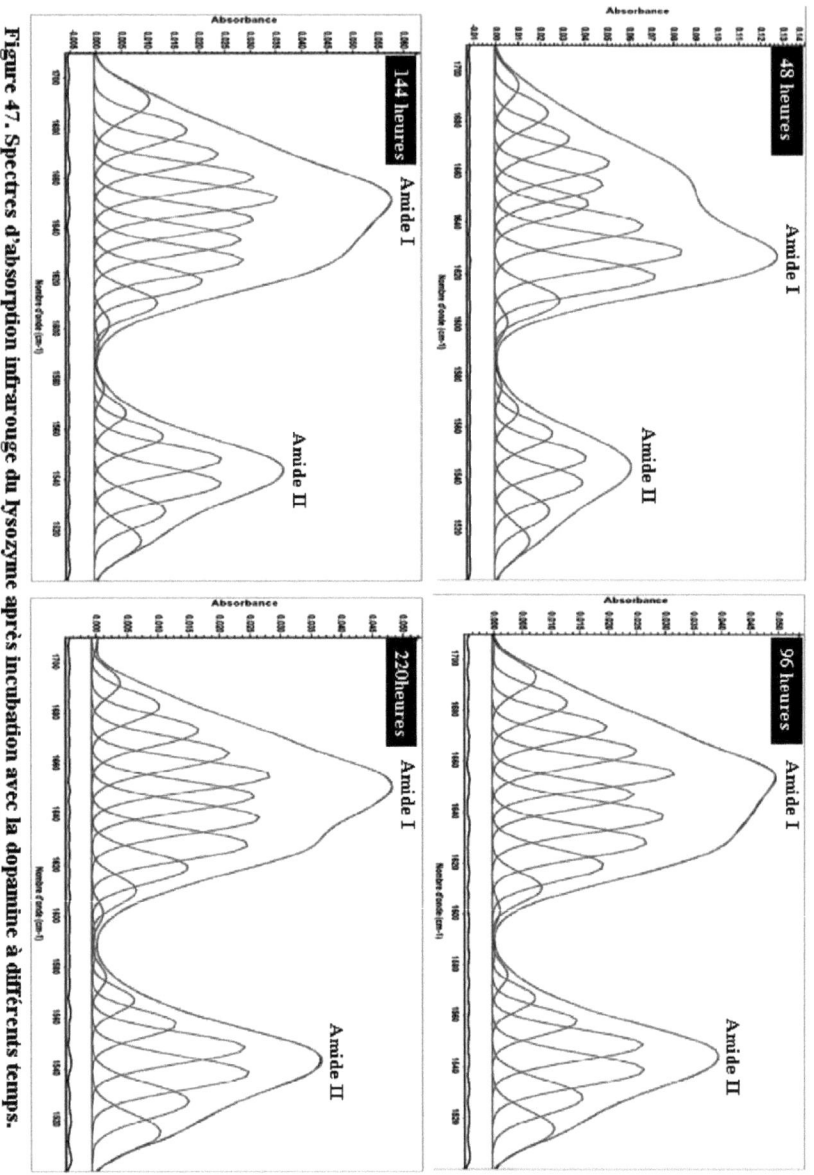

Figure 47. Spectres d'absorption infrarouge du lysozyme après incubation avec la dopamine à différents temps. Rouge: spectre expérimental; Vert : composantes du spectre, Noir: spectre calculé et résiduel

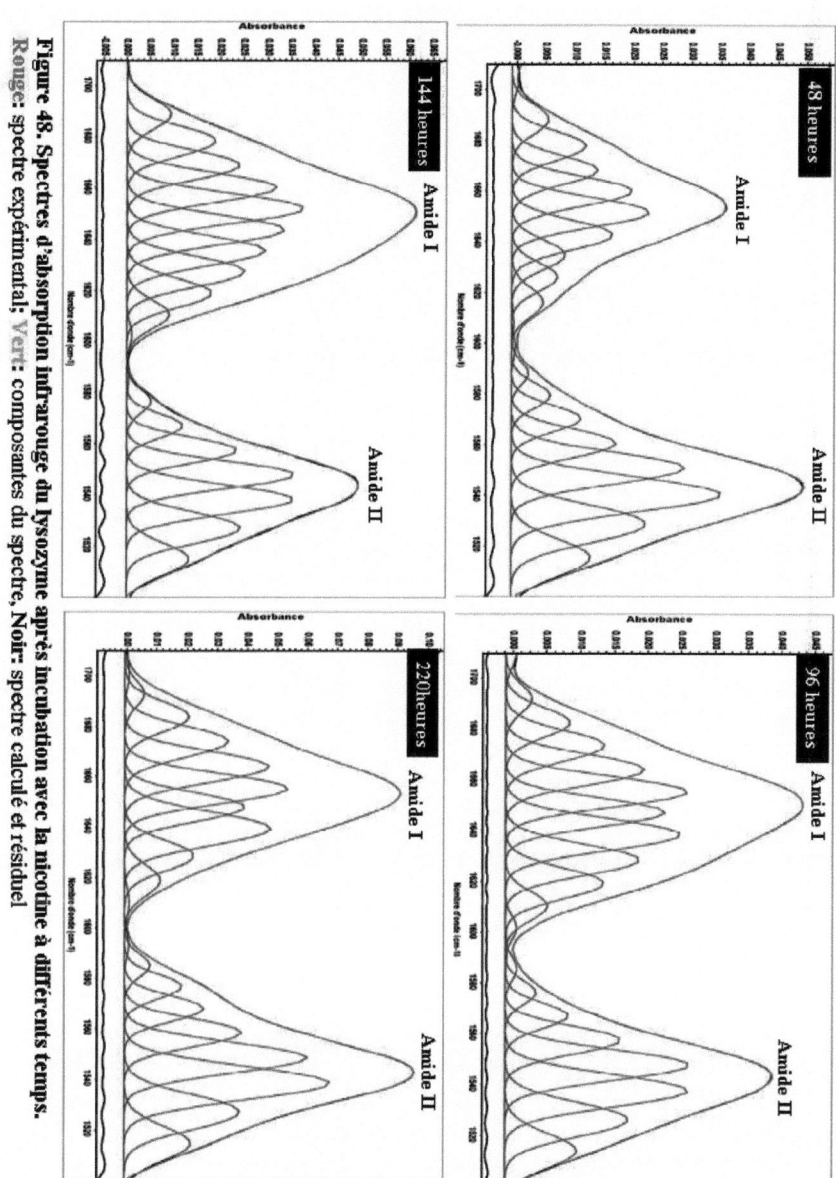

Figure 48. Spectres d'absorption infrarouge du lysozyme après incubation avec la nicotine à différents temps. Rouge: spectre expérimental; Vert: composantes du spectre, Noir: spectre calculé et résiduel

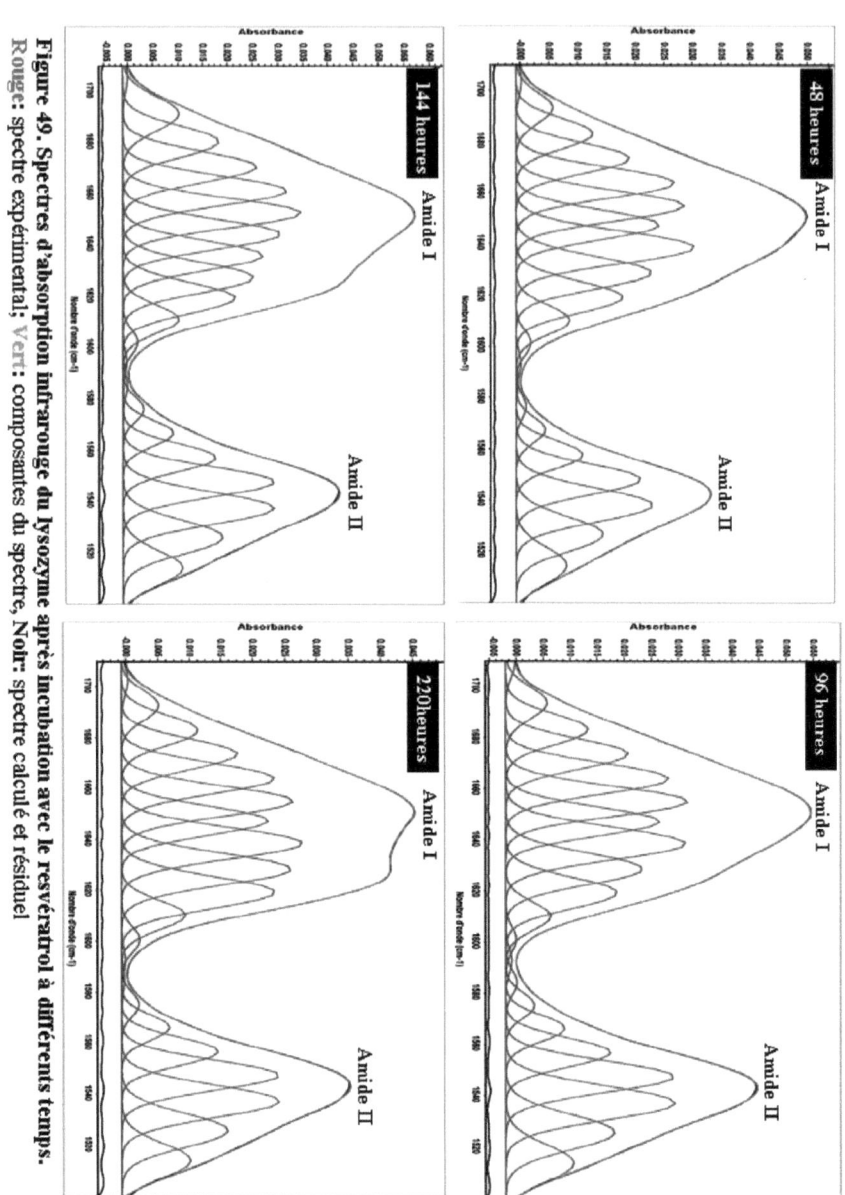

Figure 49. Spectres d'absorption infrarouge du lysozyme après incubation avec le resvératrol à différents temps. Rouge: spectre expérimental; Vert: composantes du spectre, Noir: spectre calculé et résiduel

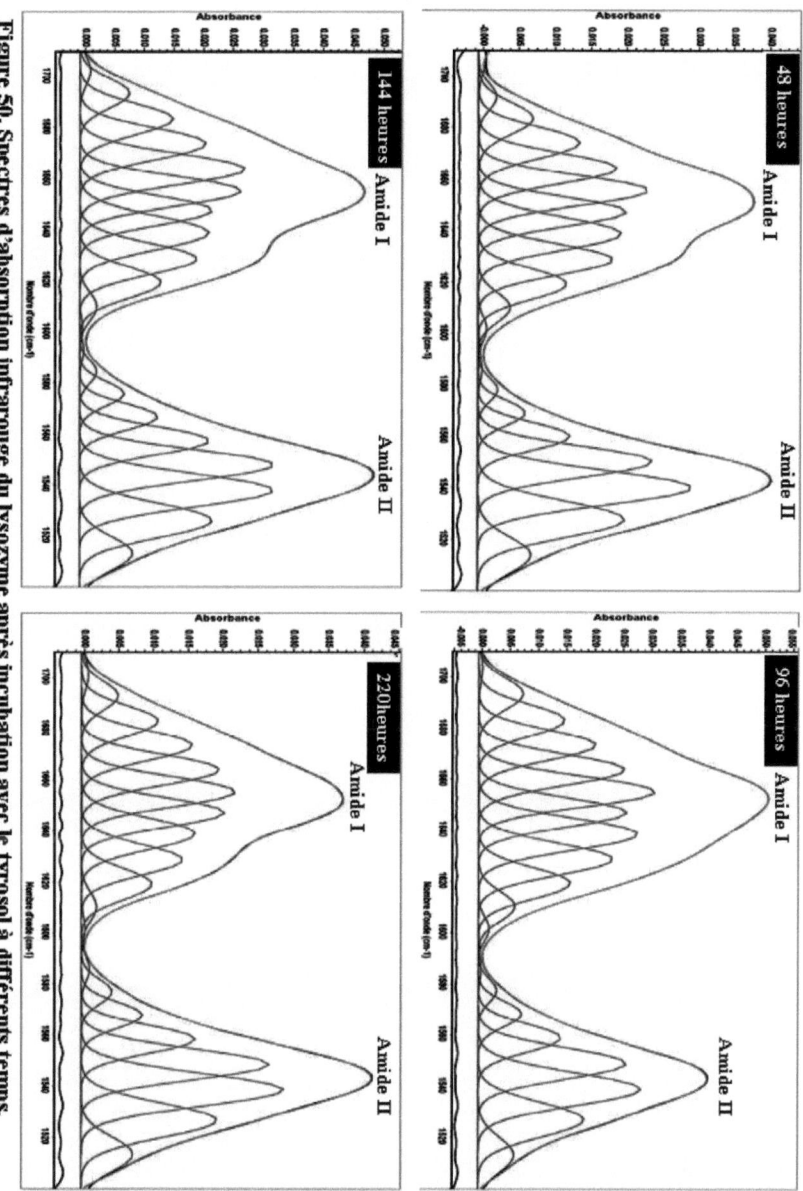

Figure 50. Spectres d'absorption infrarouge du lysozyme après incubation avec le tyrosol à différents temps.
Rouge: spectre expérimental; Vert: composantes du spectre, Noir: spectre calculé et résiduel

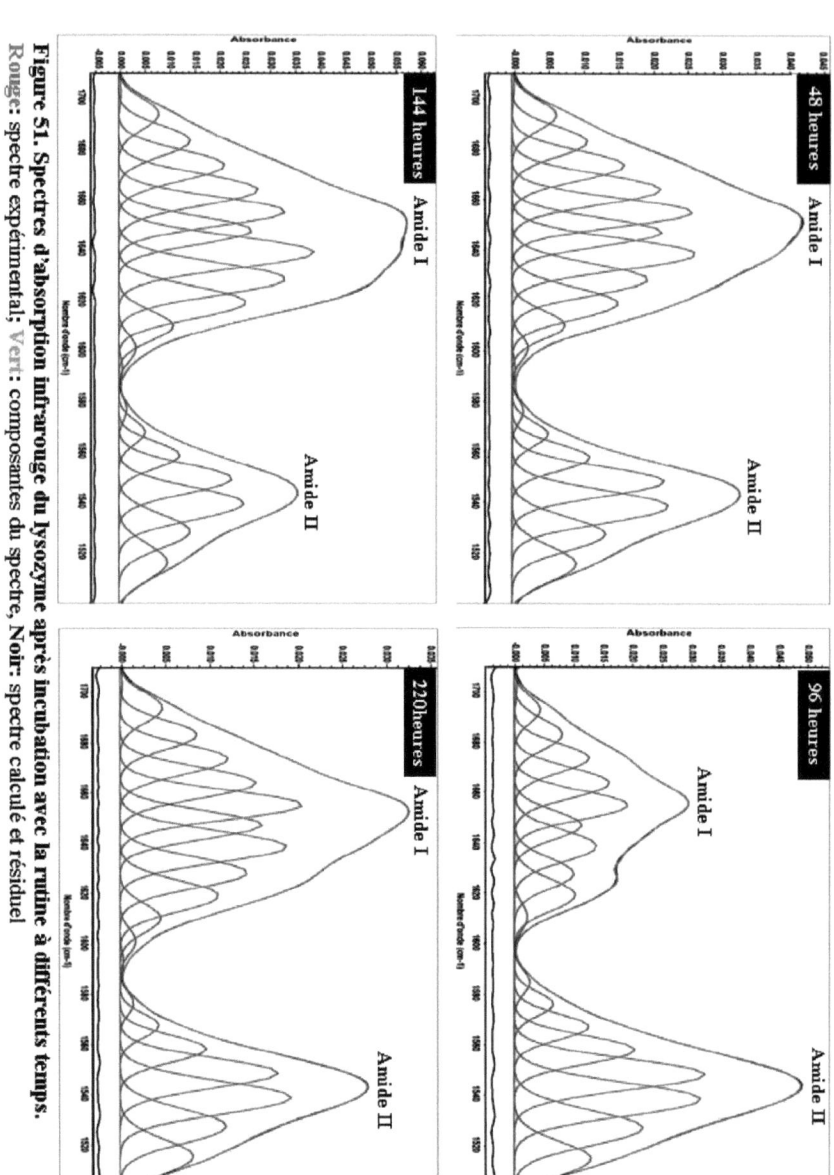

Figure 51. Spectres d'absorption infrarouge du lysozyme après incubation avec la rutine à différents temps.
Rouge: spectre expérimental; Vert: composantes du spectre, Noir: spectre calculé et résiduel

Le pourcentage de chaque structure secondaire a été déterminé à chaque temps d'incubation de la protéine en présence d'une haute et basse concentration de ligans (Tableau 11).

Tableau 11. Pourcentages des structures secondaires du lysozyme incubé avec les composés (haute concentration) à différents temps

Structures Secondaires	Dopamine	Resvératrol	Tyrosol	Nicotine	Rutine
48h					
hélice α	37	32	30	37	34
feuillet β	38	38	46	30	49
coude	25	29	24	15	18
random coil				18	
96h					
hélice α	30	30	31	18	31
feuillet β	45	43	43	41	39
coude	25	27	26	24	30
random coil				16	
144h					
hélice α	31	32	29	33	27
feuillet β	42	40	41	40	48
coude	12	13	30	11	25
random coil	15	15		16	
220h					
hélice α	31	42	47	50	33
feuillet β	42	34	34	37	43
coude	12	24	18	13	24
random coil	15				

Nous avons montré dans le chapitre II que le lysozyme monomérique est composé essentiellement d'hélices α (49,5%) que de feuillet β (28,6%). Les données de ce tableau, obtenues à 48h (phase de latence), montrent que la protéine en présence du resvératrol et de la rutine possède moins d'hélices α que de feuillets β alors les autres composés ont un pourcentage d'hélice α égal ou légèrement supérieur à celui des feuillets β. Nous obtenons une répartition semblable des effets de ces composés durant la phase stationnaire. En effet, les espèces générées par la dopamine et la rutine ont un pourcentage de feuillet β supérieur à celui des hélices α alors que l'on obtient l'inverse pour le resvératrol, le tyrosol et la nicotine. Durant, la phase d'élongation (96 et 144h), les espèces générées par ces composés ont toujours un pourcentage de feuillet β supérieur à celui des hélices α. Cependant, le rapport [hélices α (%) / feuillet β (%)] pour les espèces générées reste légèrement inférieur ou supérieur à 1 comparé la protéine monomérique ou sous forme agrégée (voir Tableau 4).

Le pourcentage de chaque structure secondaire a été déterminé à chaque temps d'incubation de la protéine en présence d'une basse concentration de ligands (Tableau 12). Les données de ce tableau confirment les résultats précédents excepté quelques différences observées durant la phase stationnaire. En effet, les espèces générées par le tyrosol ont un pourcentage de feuillet β supérieur à celui des hélices α alors que l'on obtient l'inverse pour la nicotine. Les autres composés ont des % de structures hélice α et feuillet β similaires.

Cette étude structurale révèle clairement des différences au niveau des effets de ces composés qui sont la conséquence de leur nature et de la phase du processus d'agrégation considéré

Tableau 12. Pourcentages des structures secondaires du lysozyme incubé avec les composés (basse concentration) à différents temps

Structures Secondaires	Dopamine	Resvératrol	Tyrosol	Nicotine	Rutine
48h					
hélice α	27	34	32	44	32
feuillet β	43	38	39	37	40
coude	14	28	28	13	28
random coil	16			7	
96h					
hélice α	33	30	31	19	32
feuillet β	42	44	46	38	42
coude	25	26	23	24	27
random coil				19	
144h					
hélice α	34	31	28	36	30
feuillet β	38	43	50	36	43
coude	13	11	22	12	27
random coil	15	14		16	
220h					
hélice α	47	43	35	48	39
feuillet β	42	44	41	35	39
coude	11	13	24	16	22

Discussion et perspectives

Les amyloïdoses sont des troubles complexes et multiformes caractérisés par l'agrégation de protéines et de peptides qui sont solubles dans les conditions physiologiques. Au cours des dernières années, au moins 25 différentes protéines humaines, incluant le β-amyloïde, le lysozyme humain, l'amyline, la β2-microglobuline et l'α-synucleine, ont été isolées et identifiées comme les composantes fibrillaires des dépôts d'amyloïdes associés aux maladies dégénératives (Wang et al., 1999; Dobson, 2004, Ross et al., 2004 ; Uversky and Fink, 2004). Ces fibrilles caractérisés par la présence de feuillets beta ont la capacité de fixer le rouge Congo ou la thioflavine T (Glenner, 1980 ; Kelly, 1996). En outre, il a été démontré que les protéines (myoglobine, glucagon, chymotrypsine, albumine bovine etc…), non liées aux maladies dégénératives, peuvent aussi s'agréger in vitro dans certaines conditions pour former des fibrilles amyloïdes ayant des caractéristiques similaires à celles observées pour les amyloïdes dans les maladies dégénératives (Slusky et al., 1991,1992 ; Lai et al., 1996 ; Ferra et al., 2000). Ces observations démontrent que la formation d'amyloïdes est une caractéristique universelle de toutes les protéines.

En se basant sur les observations mentionnées précédemment, nous avons choisi, dans ce présent travail, le lysozyme du blanc d'œuf de poulet comme modèle d'étude du processus d'agrégation de protéines amyloïdes. Notre choix est basé surtout sur le fait que cette protéine présente une forte homologie structurale avec le lysozyme humain qui est la cause de l'apparition d'une amylose systémique non neuropathique familiale (Pepys et al., 1993; Booth et al., 1997). Il a été démontré que cette protéine et son homologue humain sont capables de former des fibrilles in vitro (Frare et al., 2004; Krebs et al., 2004). Pour cette étude, nous avons utilisé plusieurs méthodes telles que la fluorescence de sondes extrinsèque (ThT) et intrinsèque (tryptophane et tyrosine), la diffusion dynamique de la lumière (DLS), le quenchnig de fluorescence par l'acrylamide, la microscopie à force atomique (AFM) et la spectroscopie infra rouge (FTIR).

Dans la première partie nous avons analysé le processus d'agrégation du lysozyme. L'agrégation du lysozyme est accompagnée par l'augmentation du signal de fluorescence de thioflavine indicative de l'augmentation du taux des agrégats au profit du lysozyme monomérique. Ce résultat a été confirmé par DLS qui montre l'augmentation du rayon de giration de la protéine au cours de ce processus. Comme il a été montré dans des études précédentes (Harper et al., 1999 ; Kelly, 2000), le processus d'agrégation du lysozyme est décomposé en 3 phases. Dans nos conditions expérimentales, la phase de latence est de 67 heures, la phase de croissance est caractérisée par une constante de croissance K_{app} de 0,028 $heure^{-1}$ et la phase stationnaire est atteinte au bout de 220 heures. L'analyse du processus d'agrégation par AFM montre que le lysozyme sous son état monomérique est converti en fibrilles ayant la même morphologie que celle obtenue pour les fibrilles d'autres protéines (Krebs et al., 2000 ; Cao et al., 2004).

D'un autre côté, nous sommes intéressés à l'analyse des perturbations que subit la protéine lors de son agrégation en étudiant la fluorescence intrinsèque des résidus tryptophane qu'elle contient. Nos résultats montrent que le processus d'agrégation du lysozyme altère la polarité de l'environnement des résidus Trp et de leurs interactions avec le solvant et/ou l'environnement protéique (Hayashi and Nakamura, 1981). De plus, on montre que la variation de la fluorescence des Trp du lysozyme n'est pas monotone mais est caractérisée par 3 phases qui correspondent à celles observées par la fluorescence de la ThT et la DLS. Cette observation démontre que l'altération des environnements locaux des tryptophane est différente durant les différentes phases du processus d'agrégation. Ces résultats ont été renforcés par les études de quenching de fluorescence par l'acrylamide. En effet, nous montrons que la constante de Sten Volmer de la protéine monomérique (Ksv = 10,0 M^{-1})

diminue pour atteindre la valeur de 1,4 M^{-1} pour la forme agrégée du lysozyme selon un courbe sigmoïdale. Ces résultats de quenching, qui n'ont pas été réalisé auparavant sur le lysozyme, sont en accord avec ceux obtenus sur différents états de l'alpha synucléine muté (Dusa et al., 2006 ; Rooijen et al., 2009).

D'autre part, nous avons analysé les changements structuraux que subit la protéine au cours du processus d'agrégation. Nous observons par FTIR que la proportion des feuillets beta de la protéine, à l'état monomérique (28.64 %) augmente avec le temps pour atteindre la valeur de 71,34% à l'état fibrillaire. Ces résultats corroborent l'hypothèse de fibres amyloïdes caractérisées par leur structuration en feuillets β croisés (Frare et al., 2009, Sarroukh et al., 2011). Ces transitions de structure caractéristiques du processus d'agrégation se font de façon à augmenter l'ordre et la stabilité des espèces formés par les protéines amyloïdes (Frare et al., 2009, Sarroukh et al., 2011). Ces transitions ont été comparé à celles observés lors du phénomène de cristallisation et il a été montré que lorsque les polymères s'approchent de la cristallinité on observe la formation des espèces bien ordonnées pour aboutir à des produits finaux stables (Dirix et al., 2005).

Il a été montré que les fibrilles amyloïdes ou protofibrilles, dérivés de l'agrégation des protéines amyloïdes, ont un effet cytotoxique (Walsh et al., 1997 ; Ward et al., 2000 ; Rymer and Good, 2001). Plusieurs études ont montré que de petites molécules sont capables de réduire ces effets toxiques en inhibant et/ou en réduisant la formation des fibrilles amyloïdes in vitro qu'in vivo (Pollack et al., 1995 ; Sadler et al., 1995 ; Lorenzo and Yankner, 2000). En général, ces composés peuvent être divisés en deux groupes: des inhibiteurs non-peptidiques et des inhibiteurs peptidiques. Les inhibiteurs non-peptidiques regroupent une vaste gamme de produits chimiques et de composés naturels, incluant des polyphénols portant des anneaux phénoliques aromatiques (l'acide nordihydroguaiaretique, l'acide rosemarinique, le resveratrol et le tyrosol) (Porat et al., 2006), des composés benzofurane (le Congo rouge et ses dérivées napthylazo) (Klunk et al., 1998 ; Howlett et al., 1999), des antibiotiques bacteriocidales semisynthétiques (rifampicine et ses dérivées) (Tomiyama et al., 1997), des molécules tensio-actifs (di-C6-phosphatidylcholine, di-C7- phosphatidylcholine et le monoéther de glycol n-dodecylhexaoxyethylene) (Wood et al., 1996) et d'autres comme les alcaloïdes (la nicotine) (Ono et al., 2007) et les catécholamines (dopamine et dérivés) (Ono et al., 2006).

Dans cette étude, on s'est intéressé à l'analyse de l'effet de différents composés naturels tel que la nicotine (alcaloïde), le resvératrol, le tyrosol (polyphénols), la rutine (flavonoïde) et la dopamine (catécholamine) sur le processus d'agrégation du lysozyme. Le choix de ces petites molécules revient au fait qu'elles possèdent en général une activité biologique par exemple anti-oxydante bénéfique pour l'organisme à part le fait que ces produits, appartenant à différentes familles, ont montré leur efficacité sur l'inhibition de l'agrégation d'autres protéines autres que le lysozyme.

Dans une première partie de l'étude de l'inhibition de l'agrégation, nous montrons que l'addition d'une concentration équimolaire de ces produits en présence du lysozyme monomérique affecte ce processus. En effet, la capacité inhibitrice de ces composés a été démontrée par l'étude de la variation de la fluorescence ThT et nous observons une diminution de la fluorescence au cours du temps. Une telle observation, a été décrite par différentes équipes qui ont montré que l'ajout d'une concentration équimolaire de nicotine (Ono et al., 2007) ou de dopamine (Ono et al., 2006 ; Giovanni et al., 2010) inhibe et/ou retarde la formation d'agrégats de l'alpha synucleine ou du beta amyloïde. En particulier, Giovanni et ses collaborateurs ont montré qu'une concentration équimolaire de dopamine est capable d'inhiber respectivement à 97% et à 94% le processus d'agrégation de l'alpha synucleine et du beta amyloïde (Giovanni et al., 2010). De plus d'autres études ont montré que la rutine (Masuda et al., 2006) inhibe la formation des fibrilles de différentes protéines tel que l'alpha syncléine, la beta amyloïde et la protéine tau avec des efficacités différentes.

Si cette observation indique que tous les produits inhibent l'agrégation de la protéine, l'analyse des caractéristiques du processus d'agrégation du lysozyme montre que les différents produits qu'on a utilisés augmentent le temps de latence par rapport au lysozyme. Cette observation a été aussi révélé par Latwiec et ses collaborateurs qui ont montré que l'ajout de la dopamine de manière stœchiométrique change le temps de latence de la cinétique d'agrégation de l'alpha synucleine (Latawiec et al., 2010).

Ainsi, nous montrons que tous les composés ont un temps de latence plus grand que celui de la protéine seule qui est de 67h. Ce résultat suggère que ces inhibiteurs interagissent fortement avec les différents conformères et/ou les petits oligomères du lysozyme formés lors de la phase de latence. Cependant les effets de ces composés sont différents. Ainsi, pour la dopamine et le tyrosol, l'augmentation du temps de latence est la plus grande (de l'ordre de 40h) et est le résultat de l'augmentation de **x0** (temps obtenu à la moitié de la fluorescence) et de la diminution de τ (constante du temps). Par contre, l'augmentation du temps de latence pour le resvératrol (de l'ordre de 20h), la nicotine et la rutine (de l'ordre de 10h) résulte essentiellement de l'augmentation du paramètre **x0**.

Afin de confirmer la dissociation des agrégats de haut poids moléculaire, nous avons utilisé la DLS pour suivre l'évolution de la taille des espèces générées en présence des différents produits. L'analyse des résultats de DLS montre une diminution du rayon de giration du lysozyme en présence de tous les produits mais la taille des espèces obtenues est plus grande que celle du lysozyme monomérique. En plus, on montre que pendant la phase de latence, ces petites molécules stabilisent les petits agrégats et/ou différents conformères.

D'autre part, l'analyse des images d'AFM montre que le lysozyme seul forme des fibrilles de tailles différentes alors qu'en présence d'une concentration équimolaire de nicotine, rutine, dopamine, resveratrol et tyrosol, la taille et la morphologie des espèces générés sont différentes. De plus, pour un composé donné, on obtient plusieurs agrégats générés de tailles différentes en accord avec les données obtenues par DLS. Cette observation met en évidence le polymorphisme du processus d'agrégation du lysozyme. D'autres équipes (Wang et al., 2008 ; Antosova et al., 2011) ont montré que l'inhibition de l'agrégation de lysozyme, par d'autres composés que celles qu'on a utilisé, génère des agrégats de tailles différents. A titre d'exemple l'analyse des images d'AFM de l'inhibition de l'agrégation du lysozyme par la curcumine qui a été largement utilisé dans la médecine traditionnelle (Wang et al., 2008) ou l'acridine et ses dérivés (Antosova et al., 2011) montre que la présence de ces composés altère la formation des fibrilles de lysozyme et dévie le mécanisme d'agrégation vers la formation de protofibrilles (agrégats ou petits fibrilles).

Pour mieux étudier l'effet de ces composés sur le processus d'agrégation, on a eu recours à l'étude de la fluorescence intrinsèque pour voir l'impact de ces composés sur l'environnement du tryptophane de la protéine. Cependant, nous montrons que l'aire des spectres de fluorescence des Trp [**100xF/F0**] diminue en fonction du temps pour chaque inhibiteur. Ce résultat indique que la polarité de l'environnement des résidus Trp et de leurs interactions avec le solvant et/ou l'environnement protéique (Hayashi and Nakamura, 1981) sont altérées par l'inhibition de l'agrégation du lysozyme. Cette variation de la fluorescence des Trp du lysozyme est caractérisée par 3 phases pour la nicotine, le tyrosol et le resvératrol et par 2 phases pour la dopamine et la rutine.

De ce fait, les différentes techniques utilisées (fluorescence intrinsèque et extrinsèque, la diffusion dynamique de la lumière et la microscopie à force atomique) montrent que la nicotine, la dopamine, le resvératrol, le tyrosol et la rutine inhibent l'agrégation du lysozyme mais avec des effets différents. Sur la base de ces données, peut-on en déduire que ces produits naturels ont des efficacités différentes dans l'inhibition du processus d'agrégation du lysozyme ?

Pour mieux répondre à cette question, nous avons opté à étudier l'efficacité des produits en analysant l'effet de leurs concentrations croissantes sur les différentes phases du processus d'agrégation de la protéine.

L'incubation de différentes concentrations de ces produits en présence du lysozyme à différents temps (correspondants aux 3 phases d'agrégation) et le suivi de la variation de la fluorescence de la ThT en fonction de log [C], montrent que l'inhibition du processus d'agrégation du lysozyme, par tous les produits, est dose dépendante. Cette inhibition de manière dose dépendante a été observé en inhibant l'agrégation du lysozyme du blanc d'œuf de poulet par la curcumine (Wang et al., 2008) ou encore par l'acridine (Antosova et al., 2011). Ceci a été aussi observé dans le cas de l'alpha synucleine en présence de différents composés polyphénoliques (Caruna et al., 2011).

Les données, obtenues pour chaque composé pour une période de 220h (phase stationnaire) ou pour une période de 96 heures et 144 heures montrent que l'inhibition de l'agrégation du lysozyme par chaque composé se fait selon le modèle bidose. Ce modèle suggère l'existence de deux sites de fixation des ligands donc de 2 IC50. La comparaison de ces IC50 ainsi que les valeurs du paramètre P (% d'existence du 1er site par rapport au second) montrent que les produits agissent différemment et qu'ils possèdent des affinités différentes même entre 96 heures et 144 heures appartenant à la même phase. Contrairement à ce qu'on trouvé précédemment pour les temps comprises dans la phase stationnaire et d'élongation, l'analyse de l'efficacité des produits pour des temps d'agrégation se trouvant dans la phase stationnaire (48h et 72h), montre que l'inhibition de l'agrégation se fait selon le modèle monodose qui suggère l'existence d'un seul site de fixation. Nos résultats montrent que les valeurs des IC50, obtenues pour les temps 48 et 72 heures, sont du même ordre de grandeur que celles obtenues respectivement pour le IC50(1) et le IC50(2) calculés pour un temps d'incubation de 220h. D'autres équipes ont étudiés l'efficacité de certains produits sur l'inhibition de l'agrégation de certaines protéines amyloïdes. Ces études ont été uniquement réalisées pour le temps final du processus se trouvant au niveau de la phase stationnaire. A titre d'exemple Wang et ses collaborateurs (Wang et al., 2008) ont montré que l'inhibition de l'agrégation du lysozyme humain par le curcumin est caractérisé par un seul IC50 de l'ordre de 7.7 µM et pas de deux IC50 de l'ordre de de 10^{-4} et 10^{-6} M comme on a trouvé dans notre étude. De plus, Masuda et ses collaborateurs ont obtenus des IC50 différents et de l'ordre de 1.7 µM, 80 µM et 200µM en incubant le curcumin respectivement en présence du peptide beta amyloïde et des protéines alpha synucleine et tau (Masuda et al, 2006). Cette même équipe à trouvé un seul IC50 qui est de l'ordre de 32 µM, 80 µM et 200µM en incubant la rutine respectivement en présence de peptide beta amyloïde et des protéines alpha synucleine et tau (Masuda et al, 2006).

Ainsi, nos résultats démontrent clairement que les composés utilisés inhibent différemment l'agrégation du lysozyme selon la phase analysée de ce processus. Ces différences se révèlent au niveau du nombre et de l'affinité des sites de liaison. Ainsi, on observe un seul site de liaison durant le temps de latence alors que l'on en observe 2 dès la phase de croissance. Cependant, quelle signification peut-on donner à la présence de deux IC50? Correspondent-ils à 2 sites de fixation différents sur une forme du lysozyme ou à deux formes de la protéine ayant chacune un site de fixation différent? Pour tester ces 2 hypothèses, nous avons analysé la taille et la forme des espèces générées par ces composés durant les différentes phases du processus d'agrégation de la protéine.

Pour répondre a cette question, nous avons utilisé dans un premier temps le DLS, dans les mêmes conditions expérimentales, pour analyser la taille des espèces du lysozyme, générées par chaque inhibiteur, à différentes phases du processus d'agrégation. Les données, obtenues par DLS, permettent de déduire que:

- Quelque soit la nature ou la concentration du composé analysé, tous les produits inhibent la croissance des fibrilles en générant deux espèces dont une est majoritaire (>90%).
- Durant la phase de latence ($\leq$72 heures), l'agrégation du lysozyme est totalement inhibée quelque soit la concentration du ligand, En effet, les valeurs du rayon de giration des espèces générées sont de l'ordre de grandeur de celle du lysozyme à l'état monomérique (RH=1,6 nm). Cette observation suggère que ces composés stabilisent soit la forme native de la protéine et/ou soit sa forme partiellement repliée. Cette dernière étant la configuration qui forme le nucléus à l'origine de la croissance fibrillaire.
- Durant les phases de croissance et stationnaire, les rayons de giration varient en fonction de la concentration des ligands et du temps d'incubation. Aux concentrations élevées des ligands, le rayon de giration des espèces générées est en général supérieur (2 à 10 fois) à celui de la protéine monomérique alors qu'il est inférieur au rayon de giration de la forme oligomérique de la protéine (2 à 6 fois) aux basses concentrations.

Ainsi et puisque la fluorescence de la ThT du lysozyme au niveau de la phase stationnaire et en présence de faibles concentrations de ligands, est la même que celle de la protéine seule sous forme agrégée (147 nm), les résultats, obtenus par DLS, suggèrent que les ligands inhibent le processus d'agrégation de la protéine tout en remodelant les espèces générées qui correspondent à des agrégats de plus petites tailles. D'autre part on a montré que les inhibiteurs génèrent toujours de types d'agrégats de tailles différents et dont le majoritaire représente les espèces de plus petites tailles.

Pour mieux comprendre comment agissent les inhibiteurs au cours de cette phase stationnaire marquant la fin du processus d'agrégation (possibilité de déviation du mécanisme d'agrégation vers la formation d'agrégats amorphes ou d'oligomères stables), on a eu recours à l'AFM pour étudier la taille et la morphologie des espèces générées suite à l'inhibition de l'agrégation de la protéine en présence de basse et de forte concentration en ligands.

Les résultats obtenus montrent qu'en présence de concentrations élevées d'inhibiteurs, on obtient des espèces non fibrillaires de tailles et de morphologies différentes d'un produit à autre. L'analyse des images AFM montre aussi que la nicotine, la rutine et le tyrosol génèrent des espèces protéiques dont la morphologie est très différente de celle de la dopamine et du resvératrol. De plus, même pour un composé donné on constate qu'il génère des agrégats de tailles différents ce qui joint le polymorphisme observé dans les diagrammes de DLS. De ce fait on peut conclure que les composés naturels utilisés à forte concentration, inhibent la fibrillisation mais non la formation d'oligomères de différentes tailles. Cette observation prédit que ces petites molécules peuvent agir en stabilisant certains conformères d'agrégats mais ne favorisent pas la formation de fibrilles.

D'autre part, en présence d'inhibiteurs à des concentrations faibles, on obtient des espèces de morphologies différentes selon le produit utilisé. De plus, on remarque que la dopamine, le tyrosol et le resvératrol génèrent des agrégats alors qu'en présence de la nicotine et de la rutine on obtient encore quelques petites fibrilles. Ces résultats montrent que les produits à faible concentration agissent différemment.

De ce fait, La combinaison des résultats de DLS et AFM va en faveur que ces composés inhibent la formation de fibrilles en attaquant ou stabilisant certaines espèces et/ou conformations d'agrégats. Ces résultats suggèrent aussi que les 2 IC50 trouvés par l'analyse de la thioflavine ThT correspondent le plus probable à deux formes de la protéine ayant chacune un site de fixation différent puisque, en présence de chaque produit, on trouve 2 types d'agrégats (Voir Figures DLS et AFM) de taille et de morphologie différents. Encore plus et puisque la fluorescence de la ThT du lysozyme, en présence de faibles concentrations de ligands, est la même que celle de la protéine seule sous forme agrégée (147 nm), les résultats, obtenus par DLS et AFM, suggèrent que les ligands inhibent le processus d'agrégation de la protéine tout en remodelant les espèces générées qui correspondent à des agrégats de plus petites tailles.

Cependant plusieurs autres études suggèrent fortement que les petites molécules peuvent cibler sélectivement certaines conformations du peptide beta amyloïde et d'autres protéines (Taniguchi et al., 2005 ; Ehrnhoefer et al., 2008 ; Ladiwala et al., 2010). Dans ce sens il a été montré que le resvératrol (Ladiwala et al., 2010), la dopamine et autres catéchols (Giovanni et al., 2010) remodèlent sélectivement certains agrégats, du beta amyloïde et de l'alpha synucleine, en faveur d'autres types d'agrégats tout en inhibant la formation de fibrilles. D'autre part, Giovanni et ses collaborateurs ont montré que la dopamine en inhibant la formation des fibrilles, elle remodèle la structure des agrégats tout en déviant la formation d'agrégats toxiques vers la formation d'espèces non toxiques (Giovanni et al., 2010). Ce même résultat a été observé dans le cas du resvératrol (Ladiwala et al., 2010) et d'autres petites molécules (Ladiwala et al., 2011). Ceci peut suggérer que les produits qu'on a utilisés possèdent les mêmes effets sur les agrégats du lysozyme du blanc d'œuf de poulet, c'est-à-dire qu'elles inhibent la formation de fibrilles tout en générant des espèces non toxiques.

Pour plus étudier ce remodelage au niveau des espèces générées, on a analysé par spectroscopie Infra rouge les changements structuraux, engendrés par l'inhibition du processus d'agrégation de la protéine. Ainsi nous montrons, qu'à forte et à basse concentration en ligands, que l'intensité et la forme de l'enveloppe spectrale sont variables en fonction du temps d'incubation et de la nature des composés naturels. Nous démontrons aussi que la conformation des espèces générées est affectée différemment par chaque composé.

Cependant, nos résultats montrent que le rapport [hélices α (%) / feuillet β (%)] pour les espèces générées reste légèrement inférieur ou supérieur à 1 comparé la protéine monomérique ou sous forme agrégée. Ainsi, cette étude structurale révèle clairement des différences au niveau des effets de ces composés qui sont la conséquence de leur nature et de la phase du processus d'agrégation considéré.

Ces résultats laissent donc encore une fois supposer que tous les composés naturels ont la capacité d'inhiber la formation des fibrilles des différentes protéines amyloïdes. Cependant j'ai pu montrer que tous les produits utilisés modifient les caractéristiques du processus d'agrégation de la protéine, génèrent des espèces de taille, de morphologie et de structure différentes et perturbent fortement les environnements locaux des résidus Trp. De plus, j'ai pu montrer que la nicotine, le resvératrol, la dopamine, le tyrosol et la rutine possèdent la capacité d'inhiber la formation de fibrilles en déviant la cinétique vers la formation de différents types d'agrégats. De plus, j'ai montré que malgré que les produits naturels utilisés possèdent presque la même efficacité suivant la phase du processus d'agrégation considéré, elles génèrent surtout à basse concentration de ligand, des espèces de taille de morphologie et de structure différentes, ce qui laisse suggérer que ces petites molécules de différentes classes ont la capacité de remodeler certaines conformères de lysozyme.

Il sera extrêmement intéressant par la suite de tester la toxicité des différentes espèces obtenues au cours du processus d'agrégation en absence et en présence d'inhibiteurs en présence de cellules nerveuses pour confirmer ou non que les agrégats générés par les petites molécules sont moins toxiques que celles obtenus en leur absence. Une fois la toxicité des agrégats est confirmés, une purification des oligomères toxiques sera très intéressante pour pouvoir les caractériser et réaliser une étude structure-fonction afin d'essayer de lier la structure et ou le nombre de monomères qui forment l'agrégat à la toxicité. Il est également possible d'étendre l'étude de l'inhibition sur d'autres protéines amyloïdes et pourquoi pas par la suite étudier l'effet des inhibiteurs in vivo sur des cellules en culture en présence d'agrégats ou sur un modèle animal comme la drosophile.

Introduction

Matériels et Méthodes

Résultats

Discussion et perspectives

Références bibliographiques

-A-

Aguzzi A. Prion diseases of humans and farm animals: epidemiology, genetics, and pathogenesis. *J. Neurochem.* 2006; 97: 1726-1739.

Alim M.A., Yamaki S., Hossain M.S., Takeda K., Kozima M., Izumi T., Takashi I., Shinoda T. Structural relationship of kappa-type light chains with AL amyloidosis: multiple deletions found in a VkappaIV protein. *Clin Exp Immunol.* 1999;118 : 344-8.

Altland K. and Winter P. Potential treatment of transthyretin-type amyloidoses by sulfite. *Neurogenetics* 1999; 2: 183-8.

Alzheimer A., Uber eine eigenartige Erkrankung der Hirnrinde. *Allg. Z. Psychiat. Psych.- Gerichtl. Med.* 1907; 64, 146–148.

Andrew S.E., Goldberg Y.P., Kremer B., Telenius H., Theilmann J., Adam S., Starr E., Squitieri F., Lin B, Kalchman M.A. The relationship between trinucleotide (CAG) repeat length and clinical features of **Huntington**'s disease. *Nat Genet.* 1993;4(4): 398-403.

Ando Y., Nakamura M., Araki S. Transthyretin-related familial amyloidotic polyneuropathy, *Arch. Neurol.* 2005; 62: 1057–1062.

Antosova A., Chelli B., Bystrenova E., Siposova K., Valle F., Imrich J., Vilkova M., Kristian P., Biscarini F., Gazova Z. Structure-activity relationship of acridine derivatives to amyloid aggregation of lysozyme *Biochim Biophys Acta.* 2011;1810:465-74

Arnaudov L.N. and Vries R. Thermally induced fibrillar aggregation of hen egg white lysozyme, *Biophys. J.* 2005; 88: 515-526.

Arvan P., Zhang B.Y., Feng L., Liu M., Kuliawat R. Lumenal protein multimerization in the distal secretory pathway/secretory granules. *Curr Opin Cell Biol.* 2002;14(4):448-53.

Asai M., Hattori C., Szabo B., Sasagawa N., Maruyama K., Tanuma S., Ishiura S. Putative function of ADAM9, ADAM10, and ADAM17 as APP alpha-secretase. *Biochem Biophys Res Commun* 2003; 301: 231-235.

-B-

Barnhart M.M, Chapman M.R. Curli biogenesis and function. *Annu Rev Microbiol* 2006; 60: 131–147.

Barrow C.J., Yasuda A., Kenny P.T., Zagorski M.G. Solution conformations and aggregational properties of synthetic amyloid beta-peptides of Alzheimer's disease. Analysis of circular dichroism spectra. *J. Mol. Biol.* 1992; 225(4): 1075-93.

Byler D.M., Susi H. Examination of the secondary structure of proteins by deconvolved FTIR spectra. *Biopolymer* 1986; 25: 469–487

Berg D., Gerlach M., Youdim M.B., Double K.L., Zecca L., Riederer P., Becker G. Brain iron pathways and their relevance to Parkinson's disease. *J Neurochem* 2001; 79: 225–236

Bennett M.C. The role of a-synuclein in neurodegenerative diseases. *Pharmacol Ther* 2005; 105:311–331.

Betarbet R., Sherer T.B., MacKenzie G., Garcia-Osuna M., Panov A.V., Greenamyre J.T. Chronic systemic pesticide exposure reproduces features of Parkinson's disease. *Nat Neurosci* 2000; 3:1301–1306.

Berson J.F. et al. Pmel17 initiates premelanosome morphogenesis within multivesicular bodies. *Mol. Biol. Cell* 2001; 12: 3451–3464

Berson J.F., Theos A.C., Harper D.C., Tenza D., Raposo G., Marks M.S. Propertrin convertase cleavage liberates a fibrillogenic fragment of a resident glycoprotein to initiate melanosome biogenesis. *J Cell Biol* 2003; 161: 521–33.

Berson J.F. et al. Proprotein convertase cleavage liberates a fibrillogenic fragment of a resident glycoprotein to initiate melanosome biogenesis. *J. Cell Biol.* 2003; 161: 521–533

Bérubé L. Terminologie de neuropsychologie et de neurologie du comportement. *Recherche et réd.*, c1991. 176 p

Bian Z., Brauner A., Li Y., Normark S. Expression of and cytokine activation by Escherichia coli curli fibers in human sepsis. *J Infect Dis* 2000; 181: 602–612.

Bian Z., Yan Z.Q., Hansson G.K., Thoren P., Normark S. Activation of inducible nitric oxide synthase/nitric oxide by curli fibers leads to a fall in blood pressure during systemic Escherichia coli infection in mice. *J Infect Dis* 2001; 183: 612–619.

Bieler S., Estrada L., Lagos R., Baeza M., Castilla J., Soto C. Amyloid formation modulates the biological activity of a bacterial protein. *J Biol Chem* 2005; 280: 26880–26885.

Blake C. and Serpell L. Synchrotron X-ray studies suggest that the core of the transthyretin amyloid fibril is a continuous beta-sheet helix. *Structure* 1996; 4: 989-98.

Blennow K., de Leon M.J., Zetterberg H. Alzheimer's disease. *Lancet* 2006; 368: 387-403.

Bramanti E. et al. Determination of secondary structure of normal fibrin from human peripheral blood. *Biopolymers* 1997; 41: 545–553

Bonar L., Cohen A.S., Skinner M.M. Characterization of the amyloid fibril as a cross-bêta protein. *Proc. Soc. Exp. Biol. Med.* 1969; 131: 1373-1375.

Booth D.R., Sunde M., Bellotti V., Robinson C.V., Hutchinson W.L., Fraser P.E., Hawkins P.N., Dobson C.M., Radford S.E., Blake C.C.F., Pepys M.B. Instability, unfolding and aggregation of human lysozyme variants underlying amyloid fibrillogenesis. *Nature* 1997; 385: 787-793.

Booth D.R., Sunde M., Bellotti V., Robinson C.V., Hutchinson W.L., Fraser P.E., Hawkins P. N., Dobson C.M., Radford S.E., Blake C.C., and Pepys M.B. Instability, unfolding and aggregation of human lysozyme variants underlying amyloid fibrillogenesis. *Nature* 1997; 385: 787–793.

Bucciantini M., Giannoni E., Chiti F., Baroni F., Formigli L., Zurdo J., Taddei N., Ramponi G., Dobson C.M., Stefani M. Inherent toxicity of aggregates implies a common mechanism for protein misfoling disease. *Nature* 2002; 416:507–511.

Burdick D., Soreghan B., Kwon M., Kosmoski J., Knauer M., Henschen A., Yates J., Cotman C., Glabe C. Assembly and aggregation properties of synthetic Alzheimer's A4/beta amyloid peptides analogs. *J. Biol. Chem.* 1992; 267: 546-554.

Burke W.J., Kristal B.S., Yu B.P., Schmitt C.A., Li S.W., Lin T.S. Norepinephrine transmitter metabolite activates mitochondrial permeability transition: a mechanism for DOPAL-induced apoptosis. *Brain Res* 1998; 787: 328–332

Burke W.J., Li S.W., Williams E.A., Nonneman R., Zahm D.S. 3,4-Dihydroxyphenylacetaldehyde is the toxic dopamine metabolite in vivo: implication for Parkinson's disease pathogenesis. Brain Res 2003; 989:205–213

Burke W.J., Li S.W., Chung H.D., Ruggiero D.A., Kristal B.S., Johnson E.M., Lampe P., Williams E.A., Zahm D.S. Neurotoxicity of MAO metabolites of catecholamine neurotransmitters: role in neurodegenerative diseases. *Neurotoxicology* 2004; 25: 101–115

-C-

Canet D., Last A. M., Tito P., Sunde M., Spencer A., Archer D.B., Redfield C., Robinson C. V., and Dobson C.M. Local cooperativity in the unfolding of an amyloidogenic variant of human lysozyme. *Nat. Struct. Biol* 2002; 9: 308–315

Cappai R., Leck S.L., Tew D.J., Williamson N.A., Smith D.P., Galatis D., Sharples R.A., Curtain C.C., Ali F.E., Cherny R.A., Culvenor J.G., Bottomley S.P., Masters C.L., Barnham K.J., Hill A.F. Dopamine promotes alpha-synuclein aggregation into SDS-resistant soluble oligomers via a distinct folding pathway. *FASEB* 2005; 19: 1377–1379

Caruana M., Högen T., Levin J., Hillmer A., Giese A., Vassallo N. Inhibition and disaggregation of α-synuclein oligomers by natural polyphenolic compounds. *FEBS Lett.* 2011;585(8):1113-20.

Cao A., Hu D. and Lai L. (2004). Formation of amyloid fibrils from fully reduced hen egg white lysozyme. Protein Sci. 13, 319–324.

Chamberlain A.K., MacPhee C.E., Zurdo J., Morozova-Roche L.A., Hill H.A., Dobson C.M., Davis J.J. Ultrastructural organization of amyloid fibrils by atomic force microscopy. *Biophys J* 2000; 79: 3282–3293.

Chesneau V., Vekrellis K., Rosner M.R. and Selkoe D.J. Purified recombinant insulin-degrading enzyme degrades amyloid β-protein but does not promote its oligomerization. *Biochem. J.* 2000; 351: 509-516.

Chiti F., Webster P., Taddei N., Clark A., Stefani M., Ramponi G., Dobson C.M. Designing conditions for in vitro formation of amyloid protofilaments and fibrils. *Proc Natl Acad Sci USA* 1999; 96: 3590–3594.

Chiti F. & Dobson C. M. Protein misfolding, functional amyloid, and human disease. *Annu Rev Biochem* 2006 ; 75, 333-366.

Chou P.Y., Fasman G.D. β-turns in proteins. *J Mol Biol* 1977; 115: 135-175

Clabough E.B. and Zeitlin S.O. Deletion of the triplet repeat encoding polyglutamine within the mouse Huntington's disease gene results in subtle behavioral/motor phenotypes in vivo and elevated levels of ATP with cellular senescence in vitro. *Hum Mol Genet.* 2006; 15(4):607-23.

Cleusa P.F, Prince M., Brayne C., Brodaty H., Fratiglioni L., Ganguli M., Hall K., Hasegawa K., Hendrie H., Huang Y., Jorm A., Mathers C., Menezes P.R, Rimmer E., Scazufca M. for Alzheimer's Disease International, « *Global prevalence of dementia: a Delphi consensus study* », *The Lancet* 2006; 9503: 2112-2117

Claessen D., Rink R., de Jong W., Siebring J., de Vreugd P., Boersma F.G., Dijkhuizen L., Wosten H.A. A novel class of secreted hydrophobic proteins is involved in aerial hyphae formation in Streptomyces coelicolor by forming amyloid-like fibrils. Genes Dev 2003; 17: 1714–1726.

Claessen D., Stokroos I., Deelstra HJ, Penninga N.A., Bormann C., Salas J.A., Dijkhuizen L., Wosten H.A. The formation of the rodlet layer of streptomycetes is the result of the interplay between rodlins and chaplins. *Mol Microbiol* 2004; 53:433-443.

Creutzfeldt H. Über eine eigenartige herdförmige Erkrankung des Zentralnervensystems. *Z. Ges. Neurol. Psychiat* 1920; 57: 1-20.

Cohen A.S. Histoire de l'amylose. Grateau G, Benson MD, Delpech M, editors. Les amyloses. Paris: *Flammarion Médecine-Sciences* 2000; p. 1-10.

Coles M., Bicknell W., Watson A.A., Fairlie D.P., Craik J. Solution structure of amyloid β-peptide (1-40) in a water-micelle environment. Is the membrane-spanning domain where we think it is ? *Biochemistry* 1998; 37: 11064-11077.

Conway K.A., Rochet J.C., Bieganski R.M., Lansbury P.T.Jr.. Kinetic stabilization of the alpha-synuclein protofibril by a dopamine-alpha-synuclein adduct. *Science* 2001; 294: 1346-1349.

Conway K.A., Lee S.J., Rochet J.C., Ding T.T., Harper J.D., Williamson R.E., Lansbury P.T. Accelerated oligomerization by Parkinson's disease linked alpha-synuclein mutants. Ann NY Acad Sci 2000; 920: 43–48

Coustou V., Deleu C., Saupe S., Begueret, J. Proc. Natl. Acad. Sci.U. S. A. 1997; 94: 9773–9778.

Coustou-Linares V., Maddelein M.L., Begueret J., Saupe S.J. In vivo aggregation of the HET-s prion protein of the fungus Podospora anserina. Mol. Microbiol. 2001; 42: 1325–35.

Coulthart M.B. & Cashman N.R. Variant Creutzfeldt-Jakob disease: a summary of current scientific knowledge in relation to public health. *CMAJ* 2001; 165: 51-58.

Curtius H.C., Wolfensberger M., Steinmann B., Redweik U., Sigfried J. Mass fragmentation of dopamine and 6-hydroxydopamine. Application to the determination of dopamine in human brain biopsies from the caudate nucleus. *J Chromatog* 1974; 99: 529–540.

Cooper J.H. Selective staining as a function of amyloid composition and structure: histochemical analysis of the alkaline Congo Red, standardized toluidine blue and iodine methods. *Lab Invest* 1974; 31: 232–238.

Cox B.S. PSI, a cytoplasmic suppressor of super suppressor in yeast. *Heredity* 1965; 20: 505-521.

Cohen A.S. Calkins E. Electron microscopic observation on a fibrous component in amyloid of diverse origins. *Nature* 1959; 183 : 1202-1203.

Cowgil R.W. in Biochemical Fluorescence (Chen R.F., and Edelhoch, H., Eds.), *Marcel Dekker, New York* 1976; 441-486

-D-

Damas A.M. and Saraiva M.J., TTR amyloidosis-structural features leading to protein aggregation and their implications on therapeutic strategies. *J Struct Biol.* 2000; 130: 290-9. Review.

Dang T.X., Hotze E.M., Rouiller I., Tweten R.K., Wilson-Kubalek E.M. Prepore to pore transition of a cholesterol-dependent cytolysin visualized by electron microscopy. *J Struct Biol* 2005; 150: 100–108.

Dannies P.S. Concentrating hormones into secretory granules: layers of control. *Mol Cell Endocrinol.* 2001; 177: 87-93.

Dalstra H.J., van der Zee R., Swart K., Hoekstra R.F., Saupe S.J., Debets A.J. Non-mendelian inheritance of the HET-s prion or HET-s prion domains determines the het-S spore killing system in Podospora anserina *Fungal Genet Biol.* 2005; 42: 836-47.

Dégano P., Silvestre R.A., Salas M., Peiró E., Marco J. Amylin inhibits glucose-induced insulin secretion in a dose-dependent manner. Study in the perfused rat pancreas. *Regul Pept.* 1993; 43:91-6.

De Beer F.C., Mallya R.K., Fagan E.A., Lanham J.G., Hughes G.R., Pepys M.B., Serum amyloid-A protein concentration in inflammatory diseases and its relationship to the incidence of reactive systemic amyloidosis. *Lancet* 2, 1982; 231–234.

De Strooper B. and Annaert W. Novel research horizons for presenilins and γ-secretases in cell biology and disease. *Annu Rev Cell Dev Biol.* 2010; 10; 26:235-60.

De Koning E. J., Van Den Brand J.J., Mott V. L., Charge S. B., Hansen B. C., Bodkin N. L. Macrophages and pancreatic islet amyloidosis. *Amyloid* 1998; 5: 247-54.

De Felice F.G., Vieira M.N., Meirelles M.N., Morozova-Roche L.A., Dobson C.M., Ferriera S.T. Formation of amyloid aggregates from human lysozyme and its disease-associated variants using hydrostatic pressure. *FASEB J.* 2004; 18, 1099-1101.

Derkatch I.L., Uptain S.M., Outeiro T.F., Krishnan R., Lindquist S.L., Liebman S.W.. Effects of Q/N-rich, polyQ, and non-polyQ amyloids on the de novo formation of the [PSI+] prion in yeast and aggregation of Sup35 *in vitro*. *Proc. Natl. Acad. Sci. U.S.A* 2004; 101: 12934-12939.

De Lorenzo V., Martinez J.L., Asensio C. Microcin-mediated interactions between Klebsiella pneumoniae and Escherichia coli strains. *J Gen Microbiol* 1984; 130:391–400.

De Lorenzo V. Factors affecting microcin E492 production. *J Antibiot* 1985; 38: 340–345.

De Rijk M.C., Breteler M.M., Graveland G.A., Ott A., Grobbee D.E., Van Der Meché FG, Hofman A. Prevalence of Parkinson's disease in the elderly: the Rotterdam Study. *Neurology 1995; 45(12): 2143-6.*

Dhenain M., Lehéricy S. and Duyckaerts C. Le diagnostic : de la neuropathologie à l'imagerie cérébrale. *Medecine/Sciences* 2002; 18: 697-708.

Destoumineux-Garzon D., Thomas, X., Santamaria M., Goulard C., Barthelemy ., Boscher B., Bessin Y., Molle G., Pons A.M, Letellier L., Peduzzi J., Rebuffat S. Microcin E492 antibacterial activity: evidence for a TonB-dependent inner membrane permabilization on Eschirichia coli. *Mol Microbiol.* 2003; 49: 1031-1041.

Di Giovanni S., Eleutri S., Paleolougou K.E., Yin G., Zweckstetter M., Carrupt P.A. and Lashuel H.A. Entocapone and Tolcapone, Two Cathecol two cathecol O-Methyltransferase Inhibitors, Block Fibril Formation of alpha synuclein and beta Amyloid and Protect against Amyloid –induced Toxicity *The Journal Of Biological Chemistry* 2010; 20: 14941-14954.

Dirix C., Meersman F., MacPhee C.E., Dobson C.M. and Heremans K. High hydrostatic pressure dissociates early aggregates of TTR105–115, but not the mature amyloid fibrils. *J. Mol. Biol* 2005; **347:** pp. 903–909

Divry P., Florkin M. Sur les propriétés optiques de l'amyloïde. *C. R. Soc. Biol.* 1927 ; 97 : 1808-1810.

Duyckaerts C., Colle M.A., Delatour B., Hauw J.J. Maladie d'Alzheimer: les lésions et leur progression. *Rev. Neurol.* 1999; 155: 17-27.

Dobson C.M. Getting out of shape. *Nature* 2002; 418: 729-730.

Dobson C.M. Protein misfolding, evolution and disease. *TIBS* 1999; 24: 329-332.

Dobson C.M. Protein folding and its links with human disease. *Biochem. Soc. Symp.* 2001; 1-26.

Dobson C.M. Principles of protein folding, misfolding and aggregation *Semin. Cell Dev. Biol.* 2004; 15: 3–16.

Dong A., Caughey B., Caughey W.S., Bhat K.S., Coe J.E. Secondary structure of the pentraxin female protein in water determined by infrared spectroscopy: Effects of calcium and phosphorylcholine. *Biochemistry* 1992; 31: 9364– 9370

Duda J.E., Giasson B.I., Mabon M.E., Lee V.M., Trojanowski J.Q. Novel antibodies to synuclein show abundant striatal pathology in Lewy body diseases. Ann Neurol 2002; 52: 205–210.

Dufrêne Y.F. Atomic force microscopy of microbial cells. *Microsc Analysis* 2001; 3: 27-9.

Dumoulin M., Canet D, Last A.M., Pardon E., Archer D.B., Muyldermans S. Reduced global cooperativity is a common feature underlying the amyloidogenicity of pathogenic lysozyme mutations. *J. Mol. Biol.* 2005; 25: 773-788.

Dusa A., Kaylor J., Edridge S., Bodner N., Hong D.P., and Fink A.L. Characterization of Oligomers during R-Synuclein Aggregation Using Intrinsic Tryptophan Fluorescence *Biochemistry* 2006; *45:* 2752-2760.

Duyao M., Ambrose C., Myers R., Novelletto A., Persichetti F., Frontali M., Folstein S., Ross C., Franz M., Abbott M. Trinucleotide repeat length instability and age of onset in Huntington's disease. *Nat Genet.* 1993; 4(4): 387-92.

-E-
Eanes E.D., Glenner G.G. X-ray diffraction studies on amyloid filaments. *J. Histochem. Cytochem.* 1968; 16: 673-677.

Ehrnhoefer D.E., Bieschke J., Boeddrich A., Herbst M., Masino L., Lurz R., Engemann S., Pastore A., and Wanker E.E. EGCG redirects amyloidogenic polypeptides into unstructured, off-pathway oligomers *Nat. Struct. Mol. Biol.* 2008: 15; 558–566

Elliott A., Ambrose E.J. Structure of synthetic polypeptides. *Nature* 1950; 165: 921–922

Etfink M.R and Ghiron C.A. Fluoresence quenching studies with proteins. Anal. Biochem. 1981; 114: 199-227.

-F-
Farrer M., Maraganore D.M., Lockhart P., Singleton A., Lesnick T.G., de Andrade M., West A., De Silva R., Hardy J., Hernandez D. Alpha-Synuclein gene haplotypes are associated with Parkinson's disease. *Hum Mol Genet.* 2001; 10: 1847–1851

Fändrich M., Forge V., Buder K., Kittler M., Dobson C.M., Diekmann S. Myoglobin forms amyloid fibrils by association of unfolded polypeptide segments. *Proc. Natl. Acad. Sc. USA.* 2003; 100: 15463-15468.

Fandrich M., Fletcher M.A., Dobson C.M. Amyloid fibrils from muscle myoglobin. *Nature* 2001; 410: 165–166

Ferrao-Gonzales A.D., Souto S.O., Silva J.L., Foguel D. The preaggregated state of an amyloidogenic protein: hydrostatic pressure converts native transthyretin into the amyloidogenic state *Proc. Natl. Acad. Sci. U.S.A.* 97; 2000; 6445–6450.

Fink A.L. Protein aggregation: folding aggregates, inclusion bodies and amyloid. Fold. Des. 1998; 3: 9-15.

Fleming A. On a remarkable bacteriolytic element found in tissues and secretions. *Proc. R. Soc. Lond.* 1922; 93: 306–317

Fowler D.M., Koulov A.V., Alory-Jost C., Marks M.S., Balch W.E., Kelly J.W. Functional amyloid formation within mammalian tissue. *PloS Biol* 2006; 4: e6.

Frare E., Polverino de Laureto P., Zurdo J., Dobson C.M., Fontana A. A highly amyloidogenic region of hen lysozyme. *J. Mol. Biol.* 2004; 23 : 1153–1165.

Frare E., Mossuto M.F., de Laureto P.P., Tolin S., Menzer L., Dumoulin M., Dobson C.M., and Fontana A. Charac terization of oligomeric species on the aggregation pathway of human lysozyme. *J. Mol. Biol.* 2009; 387: 17–27

Fowler D.M., Koulov A.V., Alory-Jost C., Marks M.S., Balch W.E., Kelly J.W. Functional amyloid formation within mammalian tissue. *PloS Biol* 2006; 4: e6.

-G-

Gallez C. (2005) Rapport sur la maladie d'Alzheimer et les maladies apparentées. *Rapports de l'office parlementaire d'évaluation des politiques de santé* n°2454.

Gebbink M.F, Claessen D., Bouma B., Dijkhuizen L., Wosten H.A. Amyloids—a functional coat for microorganisms. *Nat Rev Microbiol* 2005; 3: 333–341.

Giannattasio G., Zanini A., Meldolesi J. Molecular organization of rat prolactin granules. I. In vitro stability of intact and "membraneless" granules. *J Cell Biol.* 1975; 64(1):246-51.

Giasson B.I., Duda J.E., Quinn S.M., Zhang B., Trojanowski J.Q., Lee V.M. Neuronal alpha-synucleinopathy with severe movement disorder in mice expressing A53T human alpha-synuclein. *Neuron* 2002; 34: 521–533

Glenner G.G. and Wong C.W. Alzheimer's disease and Down's syndrome : sharing of a unique cerebrovascular amyloid fibril protein. *Biochem. Biophys. Res. Commun.* 1984; 122: 1131-1135.

Glenner G.G., Cuatrecasas P., Isersky C., Bladen H.A., Eanes E.D. Physical and chemical properties of amyloid fibers. II. Isolation of a unique protein constituting the major component from human splenic amyloid fibril concentrates. *J Histochem Cytochem.* 1969; 17(12):769-80.

Glenner G.G. Amyloid deposits and amyloidosis: the beta-fibrilloses *N. Engl. J. Med.* 1980; 302: 1333–1343.

Glenner G.G. Amyloid deposits and amyloidosis: the beta-fibrilloses *N. Engl. J. Med.* 1980; 302: 1283–1292.

Grateau G., Verine J., Delpech M., Ries M. Les amyloses, un modèle de maladie du repliement des protéines. *Med. Sci. (Paris)* 2005 ; 21, 627-633.

Grateau G. Physiopathologie des amyloses. *Rev. Rhum.* 2000 ; 67 : 189-196.

Goers J., Permyakov S.E., Permyakov E.A., Uversky V.N., Fink A.L. Conformational prerequisites for alpha-lactalbumin fibrillation. Biochemistry. 2002; 4: 12546-12551.

Goedert M. and Spillantini M.G. A century of Alzheimer's disease. *Science* 2006; 314: 777–781.

Goldgaber D., Lerman M.I., McBride O.W., Saffiotti U. and Gajdusek D.C. Characterization and chromosomal localization of a cDNA encoding brain amyloid of Alzheimer's disease. *Science* 1987; 235: 877-80

Gophna U., Barlev M., Seijffers R., Oelschlager T.A., Hacker J., and Ron E.Z. Curli fibers mediate internalization of *Escherichia coli* by eukaryotic cells. *Infect. Immun.* 2001; 69: 2659-2665.

Gophna U., Oelschlaeger T.A., Hacker J., and Ron E.Z. Role of fibronectin in curli-mediated internalization. *FEMS Microbiol. Lett.* 2002; 212: 55-58.

Goormaghtigh E, Cabiaux V, Ruysschaert J-M Determination of soluble and membrane protein structure by Fourier transform infrared spectroscopy III. *Secondary structures. Subcell Biochem* 1994; 23: 405–450.

-H-

Harper J.D., Wong S.S., Lieber C.M. and Lansbury P.T., Jr Assembly of Aβ amyloid protofibrils: an in vitro model for a possible early event in Alzheimer's disease. *Biochemistry* 1999; 38: 8972–8980.

Harper D.C., Theos A.C., Herman K.E., Tenza D., Raposo G., Marks M.S. Premelanosome amyloid-like fibrils are composed of only golgi-processed forms of Pmel17 that have been proteolytically processed in endosomes. *J Biol Chem* 2008; 283: 2307–22.

Hammer N.D., Wang X, McGuffie B.A., Chapman M.R. Amyloids: friend or foe? *J Alzheimers Dis* 2008; 13: 407–419.

Hammar M. Expression of two csg operons is required for production of fibronectinand congo red - binding curli polymers in Escherichia coli K - 12. Mol Microbiol, 1995; 18: 661-70.

Hansma H.G. Surface biology of DNA by atomic force microscopy. *Annu Rev Phys Chem* 2001; 52: 71-92.

Hendriks L., van Duijn C.M., Cras P., Cruts M., Van Hul W., van Harskamp F. Presenile dementia and cerebral haemorrhage linked to a mutation at codon 692 of the beta-amyloid precursor protein gene. *Nat. Genet.* 1992; 1: 218-21.

Hellstrom-Lindahl E., Ravid R., Nordberg A. Age-dependent decline of neprilysin in Alzheimer's disease and normal brain: inverse correlation with A beta levels. *Neurobiol Aging* 2008; *29*: 210-221.

Hooke S.D., Eyles S.J., Miranker A., Radford S.E., Robinson C.V., and Dobson C.M. Cooperative elements in protein folding monitored by electrospray ionization mass spectrometry.*J. Am. Chem. Soc.* 1995; 117: 7548–7549

Holloway P.W., Mantsch H.H. Structure of cytochrome b5 in solution by Fourier-transform infrared spectroscopy. *Biochemistry* 1989; 28: 931−935

Howlett D.R., Perry A.E., Godfrey F., Swatton J.E., Jennings K.H., Spitzfaden C., Wadsworth H., Wood S.J. and Markwell R.E. Inhibition of fibril formation in beta-amyloid peptide by a novel series of benzofurans. *Biochem. J.* 1999; 340: 283–289.

Humbert S. « Maladie de Huntington : pourquoi les neurones meurent ils ? », *Pour la Science*, 2009 n° 383.

Husebekk A., Skogen B., Husby G., Marhaug G. Transformation of amyloid precursor SAA to protein AA and incorporation in amyloid fibrils in vivo. *Scand. J. Immunol.* 1985; 21: 283–287.

Hu J., Igarashi A., Kamata M., Nakagawa H. Angiotensin-converting enzyme degrades Alzheimer amyloid β-peptide (Aβ), retards Aβ aggregation, deposition, fibril formation and inhibits cytotoxicity. *J. Biol. Chem.* 2001; 276: 47863-47868.

Huntington G. (1872) On chorea. *The medical and surgical reporter* 26 (15), 317-321.

-I-

Inouye H., Domingues F.S., Damas A. M., Saraiva M. J., Lundgren E., Sandgren O. Analysis of x-ray diffraction patterns from amyloid of biopsied vitreous humor and kidney of transthyretin (TTR) Met30 familial amyloidotic polyneuropathy (FAP) patients: axially arrayed TTR monomers constitute the protofilament. *Amyloid* 1998; 5: 163-74.

-J-

Jakob A. Über eigenartige Erkrankungen des Zentralnervensystems mit bemerkenswerten anatomischen Befunden. *Z. Ges. Neurol. Psychiatr* 1921; 64 : 147-228.

Jarrett J.T., Berger E.P., Lansbury P.T.Jr. The carboxy terminus of the beta amyloid protein is critical for the seeding of amyloid formation: implications for the pathogenesis of Alzheimer's disease. *Biochemistry* 1993; *32*: 4693-4697.

Jarrett J.T. and Lansbury P.T.Jr. Seeding "one-dimensional crystallization" of amyloid: a pathogenic mechanism in Alzheimer's disease and scrapie? *Cell* 1993; 73: 1055-58.

Jenner P. Oxidative stress in Parkinson's disease. Ann Neurol 2003; 53: 26–36

Jiménez J.L., Nettleton E.J., Bouchard M., Robinson C.V., Dobson C.M., Saibil H.R. The protofilament structure of insulin amyloid fibrils. *Proc. Natl. Acad. Sci. U.S.A.* 2002; 99: 9196-9201.

Johnson R.J. Prion diseases. *Lancet Neurol.* 2005; 4: 635-642.

-K-

Kalnin., Baikalov I.A., Venyaminov S.Y. Quantitative IR spectrophotometry of peptide compounds in water (H2O) solution. III. Estimation of the protein secondary structure. *Biopolymer* 1990; 30: 1273−1280

Kanamaru S., Kurazono H., Terai A., Monden K., Kumon H., Mizunoe Y., Ogawa O., Yamamoto S. Increased biofilm formation in Escherichia coli isolated from acute prostatitis. *Int J Antimicrob Agents* 2006; 28: 21–25.

Kasas S. La microscopie à force atomique dans la recherche en biologie. *Med Sci* 1992; 8: 140-8.

Keeler C., Hodsdon M.E., Dannies P.S. Is there structural specificity in the reversible protein aggregates that are stored in secretory granules? *J Mol Neurosci.* 2004; 22(1-2):43-9.

Kelly J.W. Alternative conformations of amyloidogenic proteins govern their behavior. *Current Opinion in Structural Biology* 1996; 6: 11-17.

Kelly J.W. Alternative conformations of amyloidogenic proteins govern their behaviour *Curr. Opin. Struct. Biol.* 1996 ; 6 : 11–17

Kelly, J. W. Mechanisms of amyloidogenesis. *Nature Struct. Biol.* 2000; 7:824–826.

Kim Y.J., Yi Y., Sapp E., Wang Y., Cuiffo B., Kegel K.B., Qin Z.H., Aronin N., DiFiglia M. Caspase 3-cleaved N-terminal fragments of wild-type and mutant huntingtin are present in normal and Huntington's disease brains, associate with membranes, and undergo calpain dependent proteolysis. *Proc Natl Acad Sci USA* 2001; 98: 12784-12789.

Kim T.D., Paik S.R., Yang C.H., Kim J. Structural changes in alpha-synuclein affect its chaperone-like activity in vitro. *Protein Sci.* 2000; 9: 2489–2496.

Klunk W.E., Debnath M.L., Koros A.M. and Pettegrew J.W., Chrysamine-G, a lipophilic analogue of Congo red, inhibits A beta-induced toxicity in PC12 cells. *Life Sci.* 1998; 63: 1807–1814.

Kowall N.W. Beta amyloid neurotoxicity and neuronal degeneration in Alzheimer's disease. *Neurobiol Aging.* 1994; 15(2):257-8. Review.

Kranenburg O. et al. Tissue-type plasminogen activator is amultiligand cross-b structure receptor. *Curr. Biol.* 2002; 12: 1833–1839.

Krebs M.R., Wilkins D.K., Chung E.W., Pitkeathly M.C., Chamberlain A.K. and Zurdo J. Formation and seeding of amyloid fibrils from wildtype hen lysozyme and a peptide fragment from the β-domain. *J. Mol. Biol.* 2000; 300: 541–549.

Krimm S., Bandekar J. Vibrational spectroscopy and conformation of peptides, polypeptides, and proteins. *Adv Protein Chem* 1986; 38: 181−364

Kristal B.S., Conway A.D., Brown A.M., Jain J.C., Ulluci P.A., Li S.W., Burke W.J. Selective dopaminergic vulnerability: 3,4-dihydroxyphenylacetaldehyde targets mitochondria. *Free Radic Biol Med* 2001; 30: 924–931

Krebs M.R., Wilkins D.K., Chung E.W., Pitkeathly M.C., Chamberlain A.K., Zurdo J. Formation and seeding of amyloid fibrils from wild-type hen lysozyme and a peptide fragment from the beta-domain. *J. Mol. Biol.* 2000; 14: 541-549.

Kruger R., Kuhn W., Muller T., Woitalla D., Graeber M., Kosel S., Przuntek H., Epplen J.T., Schols L., Riess O. Ala30Pro mutation in the gene encoding alpha-synuclein in Parkinson's disease. *Nat Genet* 1998; 18: 106–108

Kumar S.C. and Vrana K.E. Intricate regulation of tyrosine hydroxylase activity and gene expression. *J. Neurochem.* 1996; 67: 443–462.

Kushnirov V.V., Ter-Avanesyan M.D.. Structure and replication of yeast prions. *Cell* 1998 ; 94: 13-16.

Kusumoto Y., Lomakin A., Teplow D.B., Benedek G.B. Temperature dependence of amyloïd β-protein fibrillization. *Proc. Natl. Acad. Sc. USA*. 1998; 95: 12277-12282

-L-

Lachmann H.J., Booth D.R., Booth S.E., Bybee A., Gilbertson J.A., Gillmore J.D., Pepys M.B., Hawkins P.N. Misdiagnosis of hereditary amyloidosis as AL (primary) amyloidosis. *N Engl J Med* 2002; 346: 1786-91.

Lachmann H.J., Goodman H.J., Gilbertson J.A., Gallimore J.R., Sabin C.A., Gillmore J.D., Hawkins P.N. Natural history and outcome in systemic AA amyloidosis. *N Engl J Med* 2007; 356: 2361-71.

Ladiwala A.R., Lin J.C., Bale S.S., Marcelino-Cruz A.M., Bhattacharya M., Dordick J.S., Tessier P.M. Resveratrol selectively remodels soluble oligomers and fibrils of amyloid Abeta into off-pathway conformers *J Biol Chem.* 2010; 285: 24228-37

Ladiwala A.R., Dordick J.S., Tessier P.M. Aromatic small molecules remodel toxic soluble oligomers of amyloid beta through three independent pathways *J Biol Chem.* 2011; 286: 3209-18.

Lai Z., Colon W., Kelly J.W. The acid-mediated denaturation pathway of transthyretin yields a conformational intermediate that can self-assemble into amyloid. *Biochemistry* 1996; 35: 6470–6482.

Lakowicz J.R. Principles of fluorescence spectroscopy, 2nd ed., *Kluwer Academic/Plenum Publishers, New York* 1999.

Lashuel H.A., Hartley D., Petre B.M., Walz T., Lansbury P.T. Neurodegenerative disease: amyloid pores from pathogenic mutations. *Nature* 2002; 418: 291.

Lansbury P.T. Jr. Evolution of amyloid: what normal protein folding may tell us about fibrillogenesis and disease *Proc. Natl. Acad. Sci. U.S.A.* 1999; 96: 3342–3344.

Latawiec D., Herrera F., Bek A., Losasso V., Candotti M., Benetti F., Carlino E., Kranjc A., Lazzarino M., Gustincich S., Carloni P., Legname G. Modulation of Alpha-Synuclein Aggregation by Dopamine Analogs Plos One 2010;

Lee S., Suh Y.H., Kim S. and Kim Y. Comparison of the structures of beta amyloid peptide (25-35) and substance P in trifluoroethanol/water solution. *J. Biomol. Struct. Dyn.* 1999; 17: 381-91.

Lee V.M., Goedert M., Trojanowski J.Q. Neurodegenerative tauopathies. *Annu Rev Neurosci* 2001; 24: 1121–1159.

Levy-Lahad E., Wasco W., Poorkaj P., Romano D.M., Oshima J., Pettingell W.H., Yu C.E., Jondro P.D., Schmidt S.D., Wang K. Candidate gene for the chromosome 1 familial Alzheimer's disease locus. *Science* 1995a; 269: 973-7.

Levy-Lahad E., Wijsman E.M., Nemens E., Anderson L., Goddard K.A., Weber J.L., Bird T.D., Schellenberg G.D. A familial Alzheimer's disease locus on chromosome 1. *Science* 1995b; 269(5226):970-3.

LeVine H. Thioflavin T interaction with synthetic Alzheimer's disease bêta-amyloid peptides: detection of amyloid aggregation in solution. *Protein Sci.* 1993; 2 : 404-410.

Lian H.Y., Jiang Y., Zhang H., Jones G.W., Perrett S.. The yeast prion protein Ure2: structure, function and folding. *Biochim. Biophys. Acta* 2006; 1764: 535-545.

Liang C.Y., Krimm S., Sutherland G.B.B.M. Infrared spectra of high polymers, I. Experimental methods and general theory. *J Chem Phys* 1956; 25: 534– 549.

Li S.H. and Li X.J. Aggregation of N-terminal huntingtin is dependent on the length of its glutamine repeats. *Hum Mol Genet.* 1998; 7(5): 777-82.

Li S.W., Lin T.S., Burke W.J. Dopamine MAO metabolite and hydrogen peroxide generate hydroxyl radical. *Mol Brain Res* 2001; 93: 1–7

Liu Y., Fallon L., Lashuel H.A., Liu Z., Lansbury P.T. Jr. The UCH-L1 gene encodes two opposing enzymatic activities that a Vect alpha-synuclein degradation and Parkinson's disease susceptibility. *Cell* 2002; 111: 209–218.

Liepnieks, J.J., Kluve-Beckerman, B., and Benson, M.D. Characterization of amyloid A protein in human secondary amyloidosis: the predominant deposition of serum amyloid A1. *Biochim. Biophys. Acta.* 1995; 1270: 81–86.

Loferer H., Hammar M., Normark S. Availability of the fibre subunit CsgA and the nucleator protein CsgB during assembly of fibronectin-binding curli is limited by the intracellular concentration of the novel lipoprotein CsgG. *Mol Microbiol* 1997; 26: 11–23.

Lorenzo A. and Yankner B.A. neurotoxicity Bêta-amyloid exige la formation fibril et est interdit par le Congo rouge. *Proc. Natl. Acad. Sci.* 1994 ; 91 : 12243-12247.

Lundmark K., Westermark G.T., Olsen A., Westermark P. Protein fibrils in nature can enhance amyloid protein A amyloidosis in mice: cross-seeding as a disease mechanism. *Proc Natl Acad Sci USA* 2005; 102: 6098–6102.

-M-

Makin O.S., Serpell L.C. Structures for amyloid fibrils. *FEBS J.* 2005; 272: 5950-5961.

Maddelein M.L., Dos Reis S., Duvezin-Caubet S., Coulary-Salin B., Saupe S.J. Amyloid aggregates of the HET-s prion protein are infectious. *Proc Natl Acad Sci U S A*. 2002; 99: 7402-7.

Maguire-Zeiss K.A., Short D.W., Federo H.J. Synuclein, dopamine and oxidative stress: co-conspirators in Parkinson's disease? *Brain Res Mol Brain Res* 2005; 134: 18–23.

Maji S.K., Perrin M.H., Sawaya M.R., Jessberger S., Vadodaria K., Rissman R.A. Singru P.S., Nilsson K.P.R., Simon R., Schubert D., Eisenberg D., Rivier J., Sawchenko P., Vale W., Riek R. Functional Amyloids As Natural Storage of Peptide Hormones in Pituitary Secretory Granules *Science* 2009; 325-328

Malle E., Steinmetz A., Raynes J.G., Serum amyloid A (SAA): an acute phase protein and apolipoprotein. *Atherosclerosis* 1993; 102: 131–146.

Mantsch H.H., Chapman D. (eds) (1996) Infrared spectroscopy of biomolecules. Wiley-Liss, New York

Manyam B.V. and Sánchez-Ramos J.R.. Traditional and complementary therapies in Parkinson's disease. *Advances in neurology* 1999; 80: 565-74.

Marco J., Hedo J.A., Villanueva M.L., Calle C., Corujedo A., Segovia, J.M. Effect of food ingestion on intestinal glucagon-like immunoreactivity (GLI) secretion in normal and gastrectomized subjects. *Diabetologia* 1977; 13: 131–135

Masuda M., Suzuki N., Taniguchi S., Oikawa T., Nonaka T., Iwatsubo T., Hisanaga S., Goedert M., and Hasegawa M. Small molecule inhibitors of alpha-synuclein filament assembly. *Biochemistry.* 2006; 45:6085-94

McNaught K.S., Olanow C.W., Halliwell B., Isacson O., Jenner P. Failure of the ubiquitin proteasome system in Parkinson's disease. *Nat Rev Neurosci* 2001; 2: 589–594 73.

Miller F., de Harven E., Palade G.E. The structure of eosinophil leukocyte granules in rodents and in man. *J Cell Biol.* 1966; 131: 349-62.

Miners J.S., Baig S., Palmer J., Palmer L.E., Kehoe P.G., Love S. Abetadegrading enzymes in Alzheimer's disease. *Brain Pathol* 2008; 18: 240-252.

Miners J. S., Baig S., Tayler H., Kehoe P.G., Love S. Neprilysin and insulindegrading enzyme levels are increased in Alzheimer disease in relation to disease severity. *J Neuropathol Exp Neurol* 2009; *68*: 902-914.

Miroy G.J., Lai Z., Lashuel H.A., Peterson S.A., Strang C., Kelly J.W. Inhibiting transthyretin amyloid fibril formation via protein stabilization. *Proc Natl Acad Sci USA* 1996; 93: 15051-6.

Morozova-Roche L.A., Zurdo J., Spencer A., Noppe W., Receveur V., Archer D.B. Amyloid fibril formation and seeding by wild-type human lysozyme and its disease-related mutational variants. *J. Struct. Biol.* 2000; 130: 339-351.

Morozova-Roche L.A., Zamotin V., Malisauskas M., Ohman A., Chertkova R., Lavrikova M.A. Fibrillation of carrier protein albebetin and its biologically active constructs. Multiple oligomeric intermediates and pathways. *Biochemistry* 2004 ; 43: 9610–9619.

Mukherjee A., Song E., Kihiko-Ehmann M., Goodman J.P., Pyrek J.S., Estus S. Insulysin hydrolyzes amyloid β-peptides to products that are neither neurotoxic nor deposit on amyloid plaques. *J. Neurosci.* 2000; 20: 8745-8749.

Munishkina L.A., Cooper E.M., Uversky V.N. and Fink A.L. The effect of macromolecular crowding on protein aggregation and amyloid fibril formation. *J. Mol. Recognit.* 2004; 17: 456 464

-N-

Nay O., Galopier A., Martini C., Matsufuji S., Fabret C., Rousset J.P. Epigenetic contol of polyamines by the prion [PSI(+)]. Nat Cell Biol 2008; 10: 1069–75.

Naiki H., Higuchi K., Hosokawa M., Takeda T. Fluorometric determination of amyloid fibrils in vitro using the fluorescent dye, thioflavin T1. *Anal. Biochem.* 1989; 177: 244-249.

Necula M., Kayed R., Milton S. and Glabe C.G. Small Molecule Inhibitors of Aggregation Indicate That Amyloid Beta Oligomerisation and Fibrillization Pathways Are Independent and Distinct *The Journal Of Biological Chemistry* 2007; 14: 10311-10324

Nelson R., Sawaya M.R., Balbirnie M., Madsen A.O., Riekel C., Grothe R., Eisenberg D. Structure of the cross-bêta spine of amyloid-like fibrils. *Nature* 2005; 435 : 773-778.

Nelson R., Eisenberg D. Recent atomic models of amyloid fibril structure. *Curr. Opin. Struct. Biol.* 2006; 16: 260-265.

Nilsson M.R. Techniques to study amyloid fibril formation in vitro. Methods 2004; 34: 151–160

Nielsen L., Khurana R., Coats A., Frokjaer S., Brange J., Vyas S., Uversky N.U., Fink A.L. Effect of environmental factors on the kinetics of insulin fibril formation Elucidation of the molecular mechanism. *Biochemistry* 2001; 40: 6036-6046.

Nguyen J.T., Inouye H., Baldwin M.A., Fletterick R.J., Cohen F.E., Prusiner S.B., Kirschner D.A. X-ray diffraction of scrapie prion rods and PrP peptides. *J Nol Biol* 1995; 252: 412–422.

-O-

Ohnishi S., Takano K. Amyloid fibrils from the viewpoint of protein folding. Cell Mol Life Sci. 2004; 61: 511-524.

Olsen A., Arnqvist A., Hammar M., Sukupolvi S., Normark S. The RpoS sigma factor relieves H-NS-mediated transcriptional repression of csgA, the subunit gene of fibronectinbinding curli in Escherichia coli. *Mol Microbiol* 1993; 7: 523–536.

Olsen A., Jonsson A., and Normark S. Fibronectin binding mediated by a novel class of surface organelles on *Escherichia coli. Nature* 1989; 338: 652-655.

Olsen A., Arnqvist A., Hamma M., Sukupolvi S., and Normark S. The RpoS sigma factor relieves H-NS-mediated transcriptional repression of *csgA*, the subunit gene of fibronectin-binding curli in *Escherichia coli. Mol. Microbiol.* 1993b; 7: 523-536.

Olsen A., Wick M.J., Morgelin M., and Bjorck, L. Curli, fibrous surface proteins of *Escherichia coli*, interact with major histocompatibility complex class I molecules. *Infect. Immun.* 1998; 66: 944-949.

Ono K., Hirohata M., and Yamada M. Anti-fibrillogenic and fibril destabilizing activity of nicotine in vitro: implications for the prevention and therapeutics of Lewy body diseases. *Exp Neurol.* 2007; 205: 414-24

Ono K., Hasegawa K., Naiki H., Yamada M. Anti-Parkinsonian agents have anti amyloidogenic activity for Alzheimer's beta-amyloid fibrils in vitro. *Neurochem Int.* 2006: 48:275-85.

Osterova-Golts N., Petrucelli L., Hardy J., Lee J.M., Farer M., Wolozin B. The A53T alpha -synuclein mutation increases iron-dependent aggregation and toxicity. J Neurosci 2003; 20: 6048–6054

-U-

Uversky V.N., Li J., Fink A.L. Pesticides directly accelerate the rate of alpha-synuclein Wbril formation: a possible factor in Parkinson's disease. *FEBS Lett* 2001; 500: 105–108.

Uversky V.N., Li J., Fink A.L. Evidence for a partially folded intermediate in alpha-synuclein fibril formation, *J. Biol. Chem.* 2001; 276: 10737-10744.

Uversky V.N., Fink A.L. Conformational constraints for amyloid fibrillation: the importance of being unfolded. *Biochim. Biophys. Acta* 2004; 1698 : 131-153.

-P-

Panchal M., Rholam M., Brakch N. Abnormalities of peptide metabolism in Alzheimer disease. *Curr Neurovasc Res.* 2004; 1: 317-23.

Panchal M., Lazar N., Munoz N., Fahy C., Clamagirand C., Brouard J.P., Dubost L., Cohen P., Brakch N., Rholam M. Clearance of amyloid-beta peptide by neuronal and non-neuronal cells: proteolytic degradation by secreted and membrane associated proteases. *Curr. Neurovasc Res* 2007; 4: 240-251.

Parkinson J. (1817) An essay on the shaking palsy.*(Reproduced). J Neuropsychiatry Clin Neurosci* 2002; 14 : 223-36.

Pawelek J.M. and Lerner A.B. 5,6-Dihydroxyindole is a melanin precursor showing potent cytotoxicity. *Nature* 1978: 276; 626–628.

Peiro E., Degano P., Silvestre R.A., Marco J., Inhibition of insulin release by amylin is not mediated by change in somatostatin output. *Life Sci.* 1991; 49: 761–765

Pelton J.T., McLean L.R. Spectroscopic methods for analysis of protein secondary structure. *Anal Biochem* 2000; 277:167–176

Perutz M.F. Glutamine repeats and inherited neurodegenerative diseases: molecular aspects. *Curr. Opin. Struct. Biol.* 1996; 6: 848-858.

Perutz M.F., Johnson T., Suzuki M., Finch J.T. Glutamine repeats as polar zippers: their possible role in inherited neurodegenerative diseases. *Proc Natl Acad Sci USA* 1994; 91: 5355-5358.

Petkova A.T., Leapman R.D., Guo Z., Yau W.M., Mattson M.P. and Tycko R. Self-propagating, molecular-level polymorphism in Alzheimer's β- amyloid fibrils. *Science* 2005; 307: 262–265.

Pepys M.B., Hawkins P.N., Booth D.R., Vigushin D. M., Tennent G.A., Soutar A.K., Totty N., Nguyen O., Blake C.C.F., Terry C. J., Feest T.G., Zalin A.M., and Hsuan J.J. Human lysozyme gene mutations cause hereditary systemic amyloidosis. *Nature* 1993; 362: 553–557.

Pierce M.M., Baxa U., Steven A.C., Bax A., Wickner R.B.. Is the prion domain of soluble Ure2p unstructured? *Biochemistry* 2005; 44 : 321-328.

Prusiner S.B. Inherited prion diseases. *Proc. Natl. Acad. Sci. U.S.A* 1994; 91: 4611-4614.

Prusiner S.B. Molecular biology and pathogenesis of prion diseases. *TIBS* 1996; 21: 482-487.

Perez R.G., Waymire J.C., Lin E., Liu J.J., Guo F., Zigmond M.J. A role for α-synuclein in the regulation of dopamine biosynthesis. *J. Neurosci.* 2002; 22: 3090–3099.

Pollack S.J., Sadler I.I.J., Hawtin S.R., Tailor V.J. and Shearman M.S. Sulfated glycosaminoglycans and dyes attenuate the neurotoxic effects of beta-amyloid in rat PC12 cells. *Neurosci. Lett.* 1995; 184: 113–116.

Porat Y., Abramowitz A. and Gazit E. Inhibition of amyloid fibril formation by polyphenols: structural similarity and aromatic interactions as a common inhibition mechanism. *Chem. Biol. Drug. Des.* 2006; 67: 27–37.

Portelius E., Price E., Brinkmalm G., Stiteler M., Olsson M., Persson R., Westman-Brinkmalm A., Zetterberg H., Simon A.J., and Blennow K. A novel pathway for amyloid precursor protein processing. Neurobiol Aging 2009; 48: 2816-2823

-R-

Radford S.E., Dobson C.M., Evans P.A. The folding of hen lysozyme involves partially structured intermediates and multiple pathways. *Nature* 1992; 358: 302-307.

Rocken C., Menard R., Buhling F., Vockler S., Raynes J., Stix B. Proteolysis of serum amyloid A and AA amyloid proteins by cysteine proteases: cathepsin B generates AA amyloid proteins and cathepsin L may prevent their formation. *Ann. Rheum. Dis.* 2005; 64: 808–815

Röcken C., Becker K., Fändrich M., Schroeckh V., Stix B., Rath T. A Lys amyloidosis caused by compound heterozygosity in exon 2 (Thr70Asn) and exon 4 (Trp112Arg) of the lysozyme gene. *Hum. Mutat.* 2006; 27: 119-120.

Rodrıguez-Gallardo J., Silvestre R.A., Salas M., Marco J., Rat amylin versus human amylin: Effects on insulin secretion in the perfused rat pancreas. *Med. Sci. Res.* 1995; 23: 569–570

Rangone H., Humbert S., Saudou F. Huntington's disease: how does huntingtin, an anti-apoptotic protein, become toxic? *Pathol Biol* 2004; 52: 338-42. Review.

Rochet J.C. and Lansbury P.T. Jr. Amyloid fibrillogenesis: themes and variations. Curr. Opin. Struck. Biol. 2000; 10: 60-68.

Ross C.A. and Poirier M.A. Protein aggregation and neurodegenerative disease *Nat. Med.* 2004; 10: 10–17.

Ross J.B.A., Laws W.R., Rousslang K.W., Wyssbrod H.R. in Topics in fluorescence spectroscopy (Lakowicz, J. R., Ed.), *Plenum Press, New York* 1992; pp 1-63

Rymer D.L. and Good T.A. The role of G protein activation in the toxicity of amyloidogenic Abeta-(1-40), Abeta-(25-35), and bovine calcitonin. *J. Biol. Chem.*, 2001; 276: 2523–2530

-S-

Sawaya M.R., Sambashivan S., Nelson R., Ivanova M.I., Sievers S.A., Apostol M.I., Thompson M.J., Balbirnie M., Wiltzius J.J., McFarlane H.T., Madsen A.Ø., Riekel C., Eisenberg D. Atomic structures of amyloid cross-bêta spines reveal varied steric zippers. *Nature* 2007; 447: 453-457.

Sabaté R., Gallardo M., Estelrich J. Temperature dependence of the nucleation constant rate in β amyloid fibrillogenesis. *International Journal of Biological Macromolecules* 2005; 35: 9-13.

Sadler I.I.J., Smith D.W., Shearman M.S., Ragan C.I., Tailor V.J. and Pollack S.J. Sulphated compounds attenuate beta-amyloid toxicity by inhibiting its association with cells. *NeuroReport* 1995; **7**: 49–53.

Sarroukh R., Cerf E., Derclaye S., Dufrêne Y.F., Goormaghtigh E., Ruysschaert J.M., Raussens V. Transformation of amyloid β(1-40) oligomers into fibrils is characterized by a major change in secondary structure *Cell Mol Life Sci.* 2011; 68:1429-38

Schneuer D., Eckman C., Jensen M., Song X., Citron M. Secreted amyloid beta-protein similar to that in the senile plaques of Alzheimer's disease is increased in vivo by presenilin 1 and 2 and APP mutations linked to familial Alzheimer's disease. *Nat. Med.* 1996; 2: 864-70.

Schmitt J.P. and Scholtz J.M. The role of protein stability, solubility, and net charge in amyloid fibril formation. *Protein Science* 2003; 12: 2374-2378.

Semisotnov G.V., Rodionova N.A., Razgulyaev O.I., Uversky V.N., Gripas A.F., Gilmanshin R.I. Study of the "molten globule" intermediate state in protein folding by a hydrophobic fluorescent probe, *Biopolymers* 1991; 31: 119–128.

Serio T.R., Cashikar A.G., Kowal A.S., Sawicki G.J., Moslehi J.J., Serpell L., Arnsdorf M.F. and Lindquist S.L. Nucleated conformational conversion and the replication of conformational information by a prion determinant. Science 2000; 289: 1317–1321

Sharma N., Hewett J., Ozelius L.J. A close association of torsin A and alpha-synuclein in Lewy bodies: a fluorescence resonance energy transfer study. *Am. J. Pathol.* 2001; 159: 339–344.

Shimura H., Schlossmacher M.G., Hattori N., Frosch M.P., Trockenbacher A., Schneider R., Mizuno Y., Kosik K.S., Selkoe D.J. Ubiquitination of a new form of alpha-synuclein by **parkin** from human brain: implications for Parkinson's disease. *Science.* 2001; 293: 263-9.

Shirotani K., Tsubuki S., Iwata N., Takaki Y., Harigaya W., Maruyama K., Kiryu-Seo S., Kiyama H., Iwata H., Tomita T. Neprilysin degrades both amyloid beta peptides 1-40 and 1-42 most rapidly and efficiently among thiorphan and phosphoramidonsensitive endopeptidases. *J Biol Chem* 2001; *276*: 21895-21901.

Sidhu A., Wersinger C., Vernier P. Alpha-Synuclein regulation of the dopaminergic transporter: a possible role in the pathogenesis of Parkinson's disease. FEBS Lett. 2004; 565: 1–5.

Sisodia S.S., Koo E.H., Beyreuther K., Unterbeck A. and Price D.L. Evidence that beta-amyloid protein in Alzheimer's disease is not derived by normal processing. *Science* 1990; 248: 492-495.

Sipe J.D., Cohen A.S. History of the Amyloid Fibril. *Journal of structural Biology* 2000; 130: 88-98.

Sjobring U., Pohl G., and Olsen A. Plasminogen, absorbed by *Escherichia coli* expressing curli or by *Salmonella enteritidis* expressing thin aggregative fimbriae, can be activated by simultaneously captured tissue-type plasminogen activator (t-PA). *Mol. Microbiol.* 1994; 14: 443-452.

Sluzky V., Tamada J.A., Klibanov A.M., Langer R. Kinetics of insulin aggregation in aqueous solutions upon agitation in the presence of hydrophobic surfaces *Proc. Natl. Acad. Sci. U.S.A.* 1991 ; 88: 9377–9381.

Sluzky V., Klibanov A.M., Langer R. Mechanism of insulin aggregation and stabilization in agitated aqueous solutions *Biotechnol. Bioeng.* 1992; 40: 895–903.

Slvanayagam J.B., Hawkins P.N., Paul B., Myerson S.G., Neubauer S. Evaluation and management of the cardiac amyloidosis. *J Am Coll Cardiol* 2007; 50: 2101-10.

Sondheimer N., Lindquist S.. Rnq1: an epigenetic modifier of protein function in yeast. *Mol Cell.* 2000; 5: 163-172.

Spillantini M.G., Crowther R.A., Jakes R., Hasegawa M., Goedert M. alpha-Synuclein in filamentous inclusions of Lewy bodies from Parkinson's disease and dementia with lewy bodies. *Proc. Natl. Acad. Sci. U.S.A.* 1998; 95: 6469-6473.

Spencer J.P., Jenner P., Daniel S.E., Lees A.J., Marsden D.C., Halliwell B. Conjugates of catecholamines with cysteine and GSH in Parkinson's disease: possible mechanisms formation involving reactive oxygen species. *J Neurochem* 1998; 71: 2112–2122.

Squitieri F., Andrew S.E., Goldberg Y.P., Kremer B., Spence N., Zeisler J., Nichol K., Theilmann J., Greenberg J., Goto J. DNA haplotype analysis of Huntington disease reveals clues to the origins and mechanisms of CAG expansion and reasons for geographic variations of prevalence. *Hum Mol Genet.* 1994; 3(12):2103-14.

Stevens F.J. Hypothetical structure of human serum amyloid A protein. Amyloid 11, 71–80; Rubin, N., Perugia, E., Goldschmidt, M., Fridkin, M., and Addadi, L. (2008) Chirality of amyloid suprastructures. *J. Am. Chem. Soc.* 2004; 130: 4602–4603

Strittmatter W.J., Weisgraber K.H., Huang D.Y., Dong L.M., Salvesen G.S., Pericak-Vance M., Schmechel D., Saunders A.M., Goldgaber D. and Roses A.D. Binding of human apolipoprotein E to synthetic amyloid beta peptide: isoform-specific effects and implications for late-onset Alzheimer disease. *Proc. Natl. Acad. Sci. U. S. A.* 1993; 90: 8098-102.

Stasio E. Di, Bizzarri P., Misiti F., PavonE. i, Brancaccio A. A fast and accurate procedure to collect and analyze unfolding fluorescence signal: the case of dystroglycan domains, *Biophys. Chemist.* 2004; 107: 197–211.

Susi H., Byler D.M. Resolution-enhanced fourier transform infrared spectroscopy of enzymes. *Methods Enzymol* 1986; 130: 290–311

Suh Y.H and Checler F. Amyloid precursor protein, presenilins, and alpha-synuclein: molecular pathogenesis and pharmacological applications in Alzheimer's disease. *Pharmacol Rev.* 2002; 54: 469-525.

Surewicz WK., Mantsch H.H. New insight into protein secondary structure from resolution-enhanced infrared spectra. *Biochim Biophys Acta* 1988; 952: 115–130.

-T-

Taniguchi S., Suzuki N., Masuda M., Hisanaga S., Iwatsubo T., Goedert M., and Hasegawa, M. Inhibition of heparin-induced tau filament formation by phenothiazines, polyphenols, and porphyrins *J. Biol. Chem.* 2005; 280: 7614–7623.

Takano K., Funahashi J., and Yutani K. The stability and folding process of amyloidogenic mutant human lysozymes. *Eur. J. Biochem.* 2001; 268: 155–159.

Ter-Avanesyan M.D., Dagkesamanskaya A.R., Kushnirov V.V., Smirnov V.N. The SUP35 omnipotent suppressor gene is involved in the maintenance of the non-Mendelian determinant [psi+] in the yeast *Saccharomyces cerevisiae*. *Genetics* 1994; 137: 671-676.

The Huntington's Disease Collaborative Research Group. A novel gene containing a trinucleotide repeat that is expanded and unstable on Huntington's disease chromosomes. *Cell* 1993; 72: 971-983

Theos A.C. et al. The Silver locus product Pmel17/gp100/Silv/ ME20: controversial in name and in function. Pigment *Cell Res*. 2005; 18: 322–336

Tomiyama T., Kaneko H., Kataoka K., Asano S. and Endo N. Rifampicin inhibits the toxicity of pre-aggregated amyloid peptides by binding to peptide fibrils and preventing amyloid–cell interaction. *Biochem. J.* 1997; 322: 859–865.

Tooze S.A. Biogenesis of secretory granules in the trans-Golgi network of neuroendocrine and endocrine cells *Biochim Biophys Acta*. 1998; 14: 231-44.

Turcq B., Denayrolles M., Begueret J. Isolation of two alleles incompatibility genes s and S of the fungus Podospora anserina. Curr. Genet. 1990; 17: 297– 303.

-V-

Van Broeckhoven C., Haan J., Bakker E., Hardy J.A., Van Hul W., Wehnert A., Vegter-Van der Vlis M., Roos R.A. Amyloid beta protein precursor gene and hereditary cerebral hemorrhage with amyloidosis (Dutch). *Science* 1990; 248: 1120-2.

Van Geluwe F., Dymarkowski S., Crevits I., De Wever W., Bogaert J. Amyloidosis of the heart and respiratory system. *Eur Radiol* 2006; 16: 2358-65.

Van Rooijen B.D., Van Leijenhorst-Groener K.A., Claessens M.M.A.E. and Subramaniam V. Tryptophan Fluorescence Reveals Structural Features of α-Synuclein Oligomers *J. Mol. Biol.* 2009 ; 394 : 826–833

Venyaminov S.Y., Kalnin N.N. Quantitative IR spectrophotometry of peptide compounds in water (H2O) solut ion. I I . Amide absorpt ion bands of polypeptide and fibrous protein in α-, β- and random coil conformations. *Biopolymers* 1990; 30: 1259⁻1271

Virchow R. Ueber eine im Gebirn und Rückenmark des Menschen aufgefundene Substanz mit der chemischen Reaction der Cellulose. *Virchows Arch Pathol Anat* 1854 ; 6 : 135-8.

Virchow R. Ueber den Gang der amyloiden Degeneration. *Virchows Archiv* (A) 1855 ; 8 : 364-8.

-W-

Walsh D.M., Lomakin A.,. Benedek G.B, Condron M.M. and Teplow D.B. Amyloid beta-protein fibrillogenesis. Detection of a protofibrillar intermediate. *J. Biol. Chem.* 1997; 272: 22364–22372.

Wang S.S., Liu K.N., Lee W.H. Effect of curcumin on amyloid fibrillogenesis of hen egg white lysozyme, *Biophys. Chem.* 2009; 144: 78-87.

Ward R.V., Jennings K.H., Jepras R., Neville W., Owen D.E., Hawkins J., Christie G., Davis J.B., George A., Karran E.H. and Howlett D.R. Fractionation and characterization of oligomeric, protofibrillar and fibrillar forms of beta-amyloid peptide. *Biochem. J.* 2000; 348: 137–144.

Wersinger C., Prou D., Vernier P., Niznik H.B., Sidhu A. Mutations in the lipid binding domain of alpha-synuclein confer overlapping, yet distinct, functional properties in the regulation of dopamine transporter activity. Mol. Cell. Neurosci. 2003; 24(1): 91–105.

Wersinger C., Prou D., Vernier P., Sidhu A. Modulation of dopamine transporter function by alpha-synuclein is altered by impairment of cell adhesion and by induction *Neurosci Lett.* 2003; 235(4): 278–195.

Wersinger C., Vernier P., Sidhu A. Trypsin disrupts the trafficking of the human dopamine transporter by alpha-synuclein and its A30P mutant. *Biochemistry* 2004; 43(5), 1242–1253.

Wickner R.B., Edskes H.K., Shewmakeer F., Nakayashiki T. Prions of fungi: inherited structures and biological roles. Nat Rev Microbiol 2007; 5: 611–8.

Wischik C.M., Novak M., Thogersen H.C., Edwards P.C., Runswick M.J., Jakes R., Walker J.E., Milstein C., Roth M., Klug A. Isolation of a fragment of tau derived from the core of the paired helical filament of Alzheimer disease. *Proc. Nat. Acad. Sci. U.S.A.* 1988; 85: 4506-4510.

Wogulis, M., Wright, S., Cunningham, D., Chilcote, T., Powell, K. & Rydel, R. E. Nucleation-dependent polymerization is an essential component of amyloid-mediated neuronal cell death. *J. Neurosci.* 2005; 25: 1071–1080.

Wolfe M.S.. When loss is gain: reduced presenilin proteolytic function leads to increased Abeta42/Abeta40. Talking Point on the role of presenilin mutations in Alzheimer disease. *EMBO* 2007; 8: 136-140

Wolfe M.S., Xia W., Moore C.L., Leatherwood D.D., Ostaszewski B., Rahmati T., Donkor I.O., Selkoe D.J. Peptidomimetic probes and molecular modeling suggest that Alzheimer's gamma-secretase is an intramembrane-cleaving aspartyl protease. *Biochemistry* 1999a ;38: 4720-4727.

Wood-Kaczmar A., Gandhi S., Wood N.W. Understanding the molecular causes of Parkinson's disease. *Trends Mol. Med.* 2006; 12: 521-528.

Wood S.J., MacKenzie L., Maleeff B., Hurle M.R. and Wetzel R. Selective inhibition of Abeta fibril formation. *J. Biol. Chem.* 1996; 271: 4086–4092

-Y-

Yamada T., Kluve-Beckerman B., Liepnieks J.J., Benson M.D., In vitro degradation of serum amyloid A by cathepsin D and other acid proteases: possible protection against amyloid fibril formation. *Scand J Immunol* 1995; 41: 570–574.

Yankner B.A. Mechanisms of neuronal degeneration in Alzheimer's disease. *Neuron* 1996; 16: 921-932.

Yazaki M., Farrell S.A., Benson M.D. A novel lysozyme mutation Phe57Ile associated with hereditary renal amyloidosis. *Kidney Int.* 2003; 63: 1652-1657.

Youakim C., Cottin V., Juillard L., Fouque D., MacGregor B., Cordier J.F. Amylose rénale AA secondaire à des bronchectasies. *Rev Mal Respir* 2004; 21: 821-4.

-Z-

Zagorski M.G. and Barrow C.J. NMR studies of amyloid beta-peptides: proton assignments, secondary structure, and mechanism of an alpha-helix---- beta-sheet conversion for a homologous, 28-residue, N-terminal fragment. *Biochemistry* 1992; 31: 5621-5631.

Zarranz J.J., Alegre J., Gomez-Esteban J.C., Lezcano E., Ros R., Ampuero I., Vidal L., Hoenicka J., Rodriguez O., Atares B., Llorens V., Gomez Tortosa E., del Ser T., Munoz D.G., de Yebenes J.G. The new mutation, E46K, of alpha-synuclein causes Parkinson and Lewy body dementia. *Ann Neurol* 2004; 55: 164–173

yes
Oui, je veux morebooks!
i want morebooks!

Buy your books fast and straightforward online - at one of world's fastest growing online book stores! Environmentally sound due to Print-on-Demand technologies.

Buy your books online at
www.get-morebooks.com

Achetez vos livres en ligne, vite et bien, sur l'une des librairies en ligne les plus performantes au monde!
En protégeant nos ressources et notre environnement grâce à l'impression à la demande.

La librairie en ligne pour acheter plus vite
www.morebooks.fr

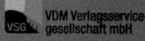

VDM Verlagsservicegesellschaft mbH
Heinrich-Böcking-Str. 6-8
D - 66121 Saarbrücken

Telefon: +49 681 3720 174
Telefax: +49 681 3720 1749

info@vdm-vsg.de
www.vdm-vsg.de

Printed by Books on Demand GmbH, Norderstedt / Germany